21世纪高等学校计算机规划教材

21st Century University Planned Textbooks of Computer Science

大学计算机基础与计算思维实验指导（第2版）

Practice for Fundamentals of Computers and Computational Thinking (2nd Edition)

强振平 鲁莹 主编

李俊萩 张雁 赵家刚 王晓林 副主编

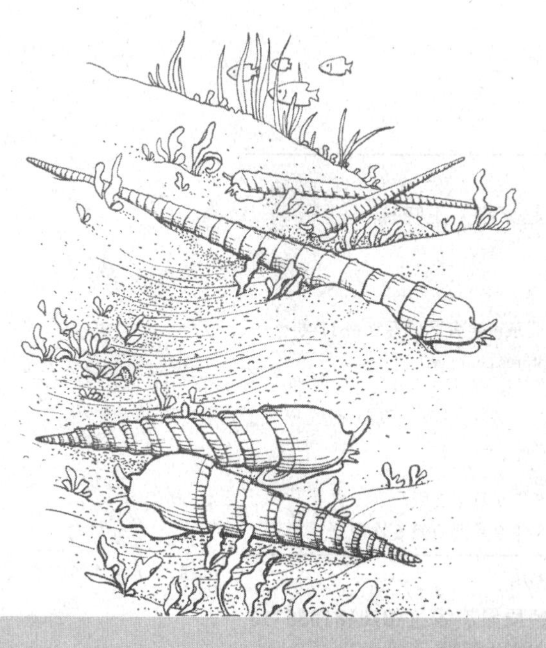

人民邮电出版社

北京

图书在版编目（CIP）数据

大学计算机基础与计算思维实验指导 / 强振平，鲁莹主编. -- 2版. -- 北京 : 人民邮电出版社，2015.9(2018.9重印)
21世纪高等学校计算机规划教材. 高校系列
ISBN 978-7-115-39578-8

Ⅰ. ①大… Ⅱ. ①强… ②鲁… Ⅲ. ①电子计算机－高等学校－教学参考资料②计算方法－思维方法－高等学校－教学参考资料 Ⅳ. ①TP3②O241

中国版本图书馆CIP数据核字(2015)第150910号

内 容 提 要

本书是《大学计算机基础与计算机思维（第 2 版）》一书的配套教材。全书分为 9 个大实验（含 16 个小实验），包含：文字输入指法练习、Windows 7 安装、Windows 操作系统实验、DOS 磁盘文件操作命令、Linux 基本命令实验、算法与程序设计基础、电子文档制作与编排、电子表格制作规范与方法、电子讲稿的制作规范与方法、计算机网络应用实验、使用 Access 管理数据库、多媒体技术应用实验等内容。

本书可作为高等学校计算机公共课的教材，也可作为计算机培训教材，或者供计算机初学者使用。

◆ 主　　编　强振平　鲁　莹
副 主 编　李俊萩　张　雁　赵家刚　王晓林
责任编辑　范博涛
责任印制　杨林杰

◆ 人民邮电出版社出版发行　　北京市丰台区成寿寺路 11 号
邮编　100164　　电子邮件　315@ptpress.com.cn
网址　http://www.ptpress.com.cn
北京鑫正大印刷有限公司印刷

◆ 开本：787×1092　1/16
印张：10.25　　2015 年 9 月第 2 版
字数：254 千字　　2018 年 9 月北京第 6 次印刷

定价：25.00 元

读者服务热线：(010) 81055256　印装质量热线：(010) 81055316
反盗版热线：(010) 81055315

第 2 版前言

大学计算机基础是当代大学生的必修课程之一，是非计算机专业人员利用计算机提高工作效率的重要基础。在培养学生计算机文化素养的同时也要提高学生实际动手能力，在理论学习的基础上，增强实际动手能力的培养。为了帮助读者在掌握理论知识的同时，提高实际动手操作能力，我们编写了这本《大学计算机基础与计算思维实验指导（第 2 版)，本书是《大学计算机基础与计算思维（第 2 版）的实验教程，建议与《大学计算机基础与计算思维（第 2 版）教材配套使用。

本书共由 9 大实验组成，实验 1 是文字输入及指法练习，让学生掌握正确的打字方法和习惯，并且熟悉常用的输入法和基本操作。实验 2 是操作系统实验，主要由 4 个实验组成，包括 Windows 7 的安装、Windows 7 的操作系统实验、MS-DOS 的基本操作、Linux 开源操作系统的基本操作，让学生从图形化的 Windows 7 操作系统入手，过渡到 MS-DOS 的命令行界面，最后了解开源操作系统的基本操作，让学生对整个操作系统知识有一个完整的了解。实验 3 是算法与程序设计基础，基于面向对象的 Python 语言让学生通过实际动手操作，熟悉算法设计与程序设计的步骤和过程，实现简单的算法设计、程序编写、程序运行调试等内容。实验 4 是电子文档制作与编排。该实验由 3 个实验组成，主要让学生以 Microsoft Word 2010 为基础，掌握基本的电子文档编排的方法、高级排版技术和常用文档（期刊、学位论文）的排版方法。实验 5 是电子表格制作规范与方法。该实验由 3 个实验组成，主要以 Microsoft Excel 2010 为基础，从基本的电子表格操作基础、电子表格实际应用范例和高级电子表格应用 3 个层次着手，培养学生实际的电子表格制作能力。实验 6 主要是电子讲稿的制作规范与方法，通过具体的实例演示电子表格制作的方法和技术，主要内容从基本操作到高级应用，循序渐进。实验 7 是计算机网络应用，主要从包括 Internet 信息搜索方法步骤、电子邮箱的申请及使用、电子邮件客户端工具使用、网络存储使用、网络笔记本使用来培养学生利用 Internet 进行资料收集整理及日常办公的能力。实验 8 是使用 Access 管理数据库，主要内容是 Access 的基本操作与外部数据的交互操作，通过图形界面和命令行模型学习数据库技术。实验 9 是多媒体技术应用，主要内容以任务的形式，培养学生对多媒体技术的了解，任务包括简单图像处理、音视频处理的使用。根据实验的内容和实际，在部分实验后还增加了思考题和练习题，进一步提高学生的操作水平和培养学生的计算机思维能力。

本书的编写分工：实验 1 由寇卫利编写；实验 2-1、实验 2-2 由孙永科编写；实验 2-3 由狄光智编写；实验 2-4 由王晓林编写；实验 3 由赵家刚、林宏编写；实验 4 由狄光智、董建娥编写；实验 5-1 由何鑫、寇卫利编写；实验 5-2 由赵璠、寇卫利编写；实验 5-3 由付小勇、寇卫利编写；实验 6 由鲁莹、张雁编写；实验 7 由强振平、陈旭编写；实验 8 由鲁宁编写；实验 9 由徐伟恒、李俊萩编写。全书由强振平进行统稿。相关教学素材可从人民邮电出版社教学与服务资源网（www.ptpedu.com.cn）下载。

西南林业大学计算机与信息学院全体教师参与了实验指导的讨论，为编好实验指导无私地贡献了许多教学经验，在此表示衷心感谢！

本书虽然经过多次讨论和修改，但由于编者水平有限，书中难免有不当之处，请广大读者指正。

编者

2015 年 4 月

目录 CONTENTS

PART 1

实验1 文字输入指法练习

一、实验目的

（1）掌握键盘及指法的基本知识。

（2）掌握打字的指法，培养学生良好的打字习惯。在对文字录入姿势、键盘指法理解和操作的基础上，进行实际的练习。

（3）掌握常见的输入法及其切换方法。

二、实验条件要求

（1）计算机1台。

（2）金山打字通软件。

三、实验基本知识点

文字输入是学习计算机的基础，虽然目前大部分学生进入大学之前都对计算机有一定的操作基础，但在打字时大部分同学的方法不够规范。因此，下面结合金山打字教程及金山打字软件进行文字输入指法的练习实验。

1．金山打字通软件基础知识

金山打字通（TypeEasy）是金山软件开发的教育系列软件之一，是一款功能齐全、数据丰富、界面友好，集打字练习和测试于一体的打字软件。循序渐进突破盲打障碍，短时间运指如飞，完全摆脱枯燥学习，联网对战打字游戏，易错键常用词重点训练，纠正南方音模糊音，不背字根照学五笔，提供五笔反查工具，配有数字键，同声录入等12项职业训练等。该软件是专门为上网初学者开发的一款软件。针对用户水平定制个性化的练习课程，每种输入法均从易到难提供单词（音节、字根）、词汇以及文章循序渐进练习，并且辅以打字游戏。金山打字通是一款免费授权的打字练习学习软件，当前的最新版本为2013 SP2，可以通过金山打字通的官方网站（http://jinshandazitong.0609.com/）免费下载使用。

2．键盘及打字基础知识

（1）认识键盘

常见的键盘有101键、104键等若干种，为了便于记忆，按照功能的不同，整个键盘分为5个区域，如图1-1所示，上面的一行是功能键区和状态指示区；下面的五行是主键盘区、编辑键区和辅助键区。

对于打字来说，最主要的是熟悉主键盘各个键的用处。主键盘区包括26个英文字母，10个阿拉伯数字，除一些特殊符号外，还附加了一些功能键。

- [Back Space] 后退键：删除光标前的一个字符。
- [Enter] 换行键：将光标移到下一行首。
- [Shift] 字母大小临时转换键：与数字键同时按下，输入数字上的符号。
- [Ctrl]、[Alt] 控制键：必须与其他键一起使用。
- [Caps Lock] 锁定键：将英文字母锁定为大写状态。
- [Tab] 跳格键：将光标右移到下一个跳格位置。
- 空格键：输入一个空格。

功能键区F1至F12的功能根据具体操作系统或应用程序而定。编辑键区中包括：插入字符的[Ins]键，删除当前光标位置字符的[Del]键，将光标移到行首的[Home]键，将光标移到行尾的[End]键，向上翻页[Page Up]键，向下翻页[Page Down]键，以及上下左右键头。辅助键区（小键盘区）有9个数字键，可用于数字的连续输入的情况，如在财会使用方面。另外五笔字型中的五笔画输入时也会应用。当使用小键盘输入数字时应按下[Num Lock]，此时对应的指示灯亮。

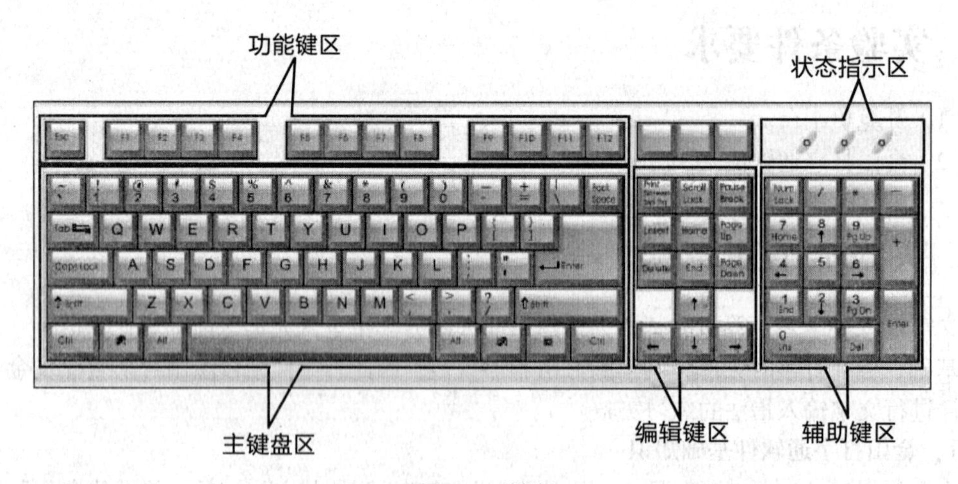

图1-1　键盘

（2）打字姿势

开始打字之前一定要端正坐姿。如果姿势不正确，不但会影响打字速度的提高，而且还容易疲劳、出错。正确的坐姿应该如图1-2所示，具体要求如下。

- 头正，颈直，两脚平放，腰部挺直，两臂下垂，两肘贴于腋边，手腕不要靠在桌子上，双手自然垂放在键盘上。
- 身体可略倾斜，离键盘的距离为20～30厘米，身体正对屏幕，眼睛平视屏幕，每10

分钟将视线从屏幕移开一次。

- 打字教材或文稿放在键盘的左边，或用纸夹夹在显示器旁边。打字时眼观文稿，身体不要跟着倾斜。

图 1-2 打字的正确姿势

（3）打字指法

准备打字时，除拇指外其余的 8 个手指分别放在基本键上，拇指放在空格键上，十指分工，包键到指，分工明确，如图 1-3～图 1-5 所示。

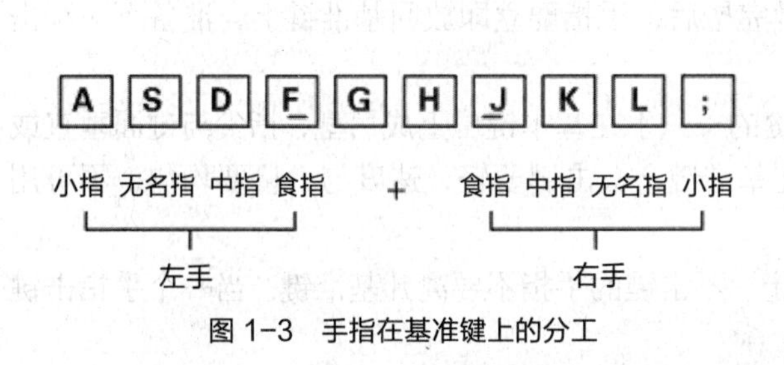

图 1-3 手指在基准键上的分工

图 1-4 手指在基准键上的分工

每个手指除了控制指定的基本键外，还分工兼顾其他的字键，称为它的范围键。

① 左手分工

小指负责的键：1、Q、A、Z 和它们左边的所有键。无名指负责的键：2、W、S、X。中指负责的键：3、E、D、C。食指负责的键：4、R、F、V、5、T、G、B。

② 右手分工

小指负责的键：0、P、；、/ 和它们右边的所有键。无名指负责的键：9、O、L、. 。中指负责的键：8、I、K、，。食指负责的键：7、U、J、M、6、Y、H、N。

③ 大拇指

大拇指专门负责击打空格键。当左手击完字符键需击空格键时，用右手大拇指，反之则用左手大拇指。

具体分工如图 1-5 所示。

掌握指法练习技巧：左右手指放在基本键上；单击完范围键迅速返回原位；食指击键注意键位角度，小指击键力量保持均匀；数字键采用跳跃式击键。

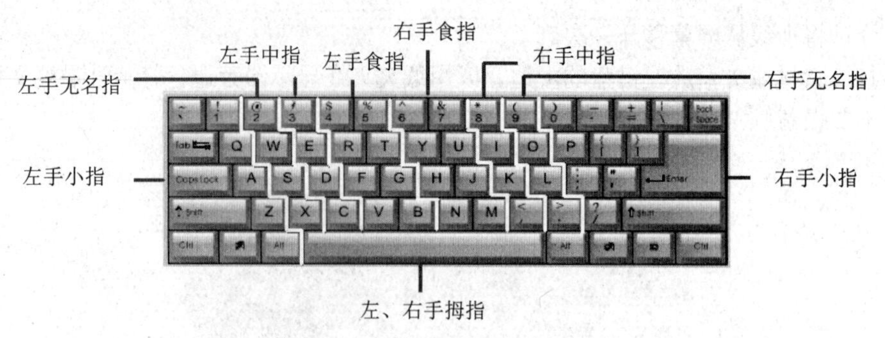

图 1-5　手指在整个键盘上的分工

（4）练习方法

初学打字，掌握适当的练习方法，对于提高自己的打字速度、成为一名打字高手是必要的。

① 一定把手指按照分工放在正确的键位上。

② 有意识地慢慢记忆键盘各个字符的位置，体会不同键位上的字键被敲击时手指的感觉，逐步养成不看键盘输入的习惯。

③ 进行打字练习时必须集中精力，做到手、脑、眼协调一致，尽量避免边看原稿边看键盘，这样容易分散记忆力。

④ 初级阶段的练习即使速度慢，也一定要保证输入的准确性。

总结：正确的指法+键盘记忆+集中精力+准确输入＝打字高手

（5）击键方法

击键之前，10 个手指放在基准键上；击键时，要击键的手指迅速敲击目标，瞬间发力并立即反弹，不要一直按在目标键上；击键完毕后，手指要立即放回基准键上，准备下一次击键。击键时请注意以下几点。

① 在打字操作中，要始终保持不击键的一只手在基本键位上成弓型，指尖与键面垂直或稍微掌心弯曲。手指弯曲要自然，轻放在基准键上，击键要轻，速度与力量要均匀，不可用力过大。

② 击键后手指要迅速返回到基准键上，不击键的手指不要离开基准键。当一个手指击键时，其余三指要翘起。

③ 当需要同时按下两个键时，若这两个键分别位于左右两区，则应左右手各击其键。

④ 使用键盘时，要用相应的手指击键，接触键帽后及时抬起，不允许长时间停留在已敲击过的位上，如果按住某个字符键，时间超过一秒，屏幕上会重复出现相同的字符。敲击时用力要适度。打字时，眼睛要始终盯着原稿或屏幕，禁止看键盘的键位。

⑤ 坚持使用左右手指轮流敲击空格键。若只用一只手，影响击键速度。指法训练是一个艰辛的过程，要循序渐进，不能急于求成。要严格按照指法的要领去练习，使手指逐渐灵活、“听话”。随着练习的深入，手指的敏感程度和击键速度会不断提高。

⑥ 应在保证准确的前提下提高速度，切记盲目追求速度。

3．输入法基础知识

信息输入的方法主要有键盘输入法、利用语音识别和汉字识别技术将声音和书面文字转换成机内代码。中文输入法主要有：以拼音为基础的智能 ABC、智能狂拼、拼音加加；以笔型为基础的五笔字型；音型结合的二笔输入法等。

汉字输入时选择输入法的方法有键盘操作和鼠标操作。键盘操作主要有：使用 Ctrl+空格键来启动或关闭中文输入法，实现中英文之间的切换；使用组合键 Ctrl+Shift 在英文及各种中文输入法之间切换。使用鼠标进行切换的方法是通过单击任务栏上的语言指示器（见图 1-6），在弹出的“语言”菜单（见图 1-7）中单击要选用的输入法，英文输入法如图 1-8 所示。

图 1-6 语言指示器

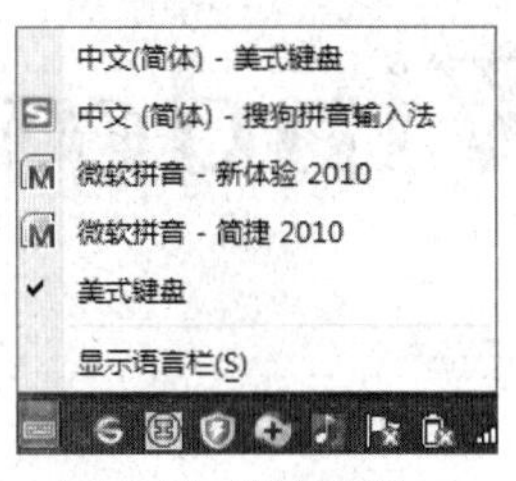

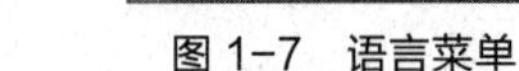

图 1-7 语言菜单

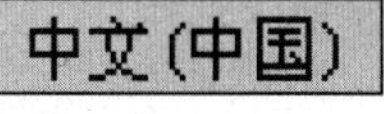

图 1-8 英文输入法

四、实验步骤

1．输入法切换练习

（1）反复按组合键 Ctrl+空格键，在中英文输入法间进行切换，每按一次组合键，观察语言指示器的变换。

（2）反复按组合键 Ctrl+Shift，在各个中英文输入法间循环进行切换，每按一次组合键，观察语言指示器的变换。

（3）使用鼠标单击语言指示器进行输入法的切换。

2．打开金山打字通软件，进行中英文打字练习，注意击键方法和打字姿势

五、思考题

1. 为什么要按照一定的文字录入姿势和键盘指法进行操作？
2. 大学计算机基础的基本操作实践环节有哪些？

PART 2-1

实验 2-1 Windows 7 安装

一、实验目的

（1）了解磁盘分区和磁盘格式。

（2）学习安装 Windows 7。

二、实验条件要求

（1）虚拟机 VMware。

（2）Windows 7 光盘影像文件(.iso)。

三、实验基本知识点

1．Windows 安装简介

Windows 7 和 Windows 2003、Windows XP 都是在 Windows 2000 的基础上改进的系统，因而它们的安装基本上相同。本实验指导介绍的安装方法同样适用于 Windows 2003 和 Windows 2000。

2．硬件要求

CPU：主频≥1GHz。

内存：推荐 4GB，至少 2GB。

硬盘空间：15GB 或更大。

3．硬盘分区

硬盘分区实质上是为了更好地管理磁盘上的文件，提高文件读写的性能。早期的硬盘分区中并没有主分区、扩展分区和逻辑分区的概念，每个分区的类型都是现在所称的主分区。由于硬盘仅仅为分区表保留了 64 个字节的存储空间，而每个分区的参数占据 16 个字节，故主引导扇区中总计只能存储 4 个分区的数据，也就是说，一块物理硬盘最多只能划分为 4 个主分区中。在具体的应用中，4 个逻辑磁盘往往不能满足实际需求。为了建立更多的逻辑磁盘供操作系统使用，引入了扩展分区和逻辑分区，并把原来的分区类型称为主分区。

当一个分区被建立，其类型被设为“扩展”时，扩展分区表也被创建。简而言之，扩展分区就像一个独立的磁盘驱动器——它有自己的分区表，该表指向一个或多个分区——它们现在被称为逻辑分区（logical partitions），与 4 个主分区（primary partitions）相对（见图 2-1）。

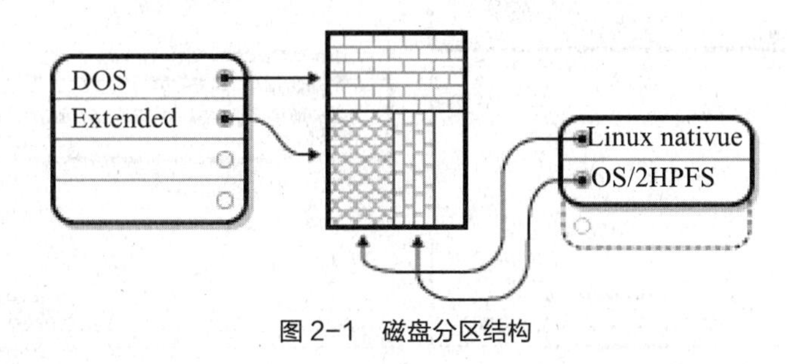

图 2-1　磁盘分区结构

四、实验步骤

1．安装虚拟机

（1）安装 VMware 虚拟机，安装的过程中都采用默认的设置即可。

（2）启动 VMware，在工具栏中选择文件下“新建虚拟机”按钮，新建一个虚拟电脑。弹出窗口，典型适合于新手，这里选择典型安装。单击“下一步”后选择“稍后安装操作系统”，操作系统选择“Microsoft Windows”，版本选择“Windows 7”，单击“下一步”，如图 2-2、图 2-3 所示。

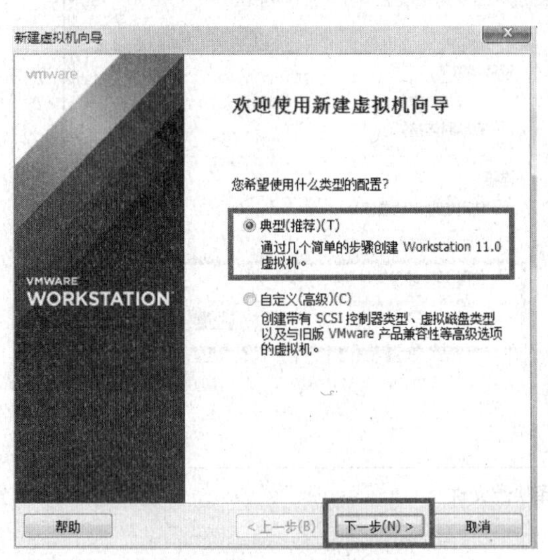

图 2-2　新建虚拟机

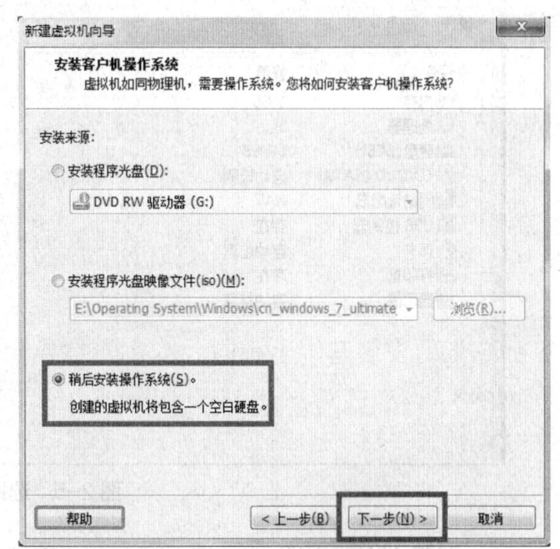

图 2-3　选择第三项

（3）命名虚拟机名称和指定磁盘容量，一般默认就可以了。注意这里选择了将虚拟磁盘拆分成多个文件，如图 2-4 所示。

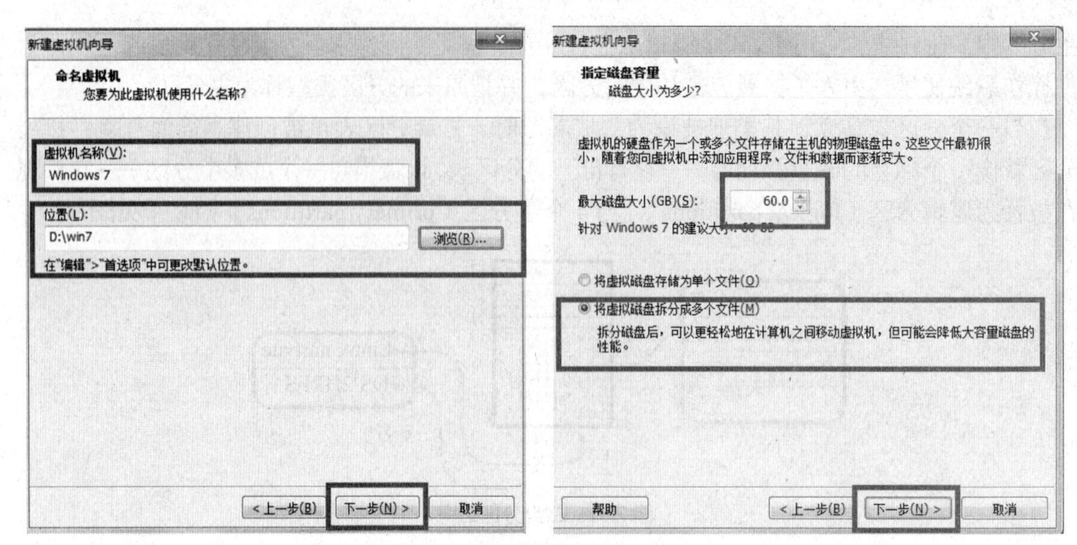

图 2-4　命名虚拟机和指定磁盘容量

（4）至此创建虚拟机完成，单击“完成”即可。

2．选择 ISO 映像文件

（1）菜单栏中单击“虚拟机”，然后是“设置”，将弹出虚拟机设置窗口，选中硬件选项卡里面的 CD/DVD 项。

（2）在右边栏出现连接区域，选择使用 ISO 映像文件，然后单击“浏览”找到 Windows 7 映像文件，如图 2-5 所示。

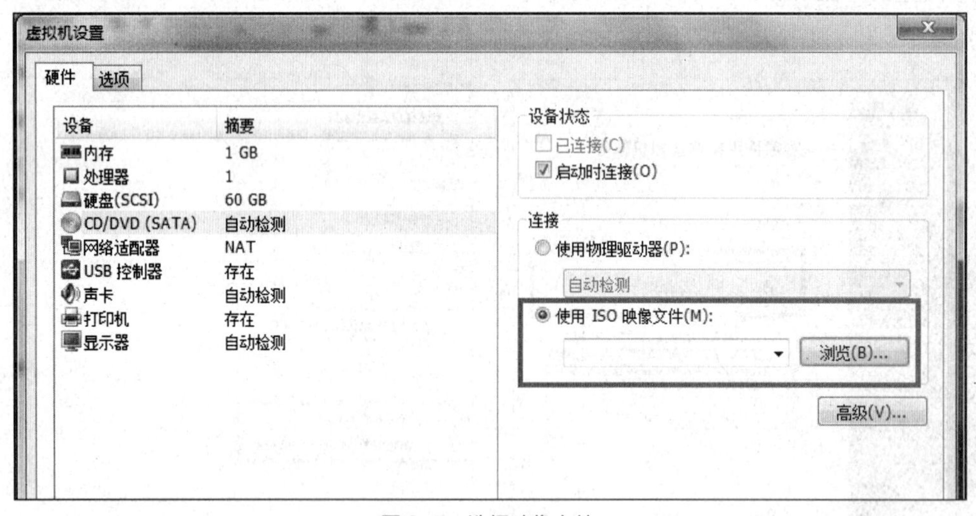

图 2-5　选择映像文件

3．安装 Windows 7

（1）找到“开启虚拟机选项”并单击，虚拟机将启动。进入安装状态，在这里可以选择语言、时间和货币格式、键盘输入方式等，单击“下一步”，如图 2-6 所示。

（2）有一个现在安装按钮，单击它，如图 2-7 所示。

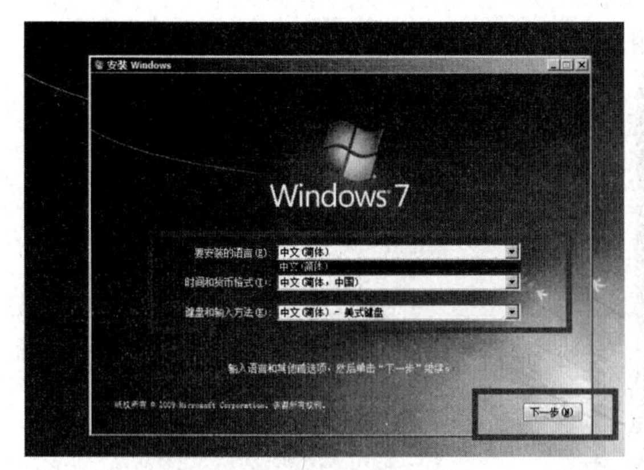

图 2-6 安装 Windows 界面

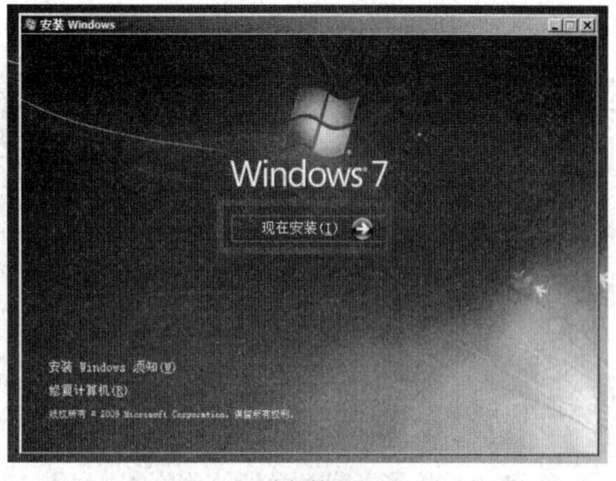

图 2-7 安装 Windows

（3）接受许可条款，选中“我接受许可条款”，单击“下一步”，如图 2-8 所示。

（4）选择安装，直接单击“下一步”即可，如图 2-9 所示。

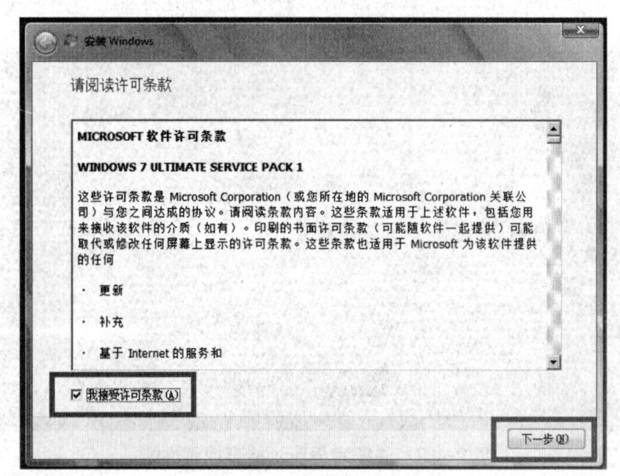

图 2-8 接受许可条款

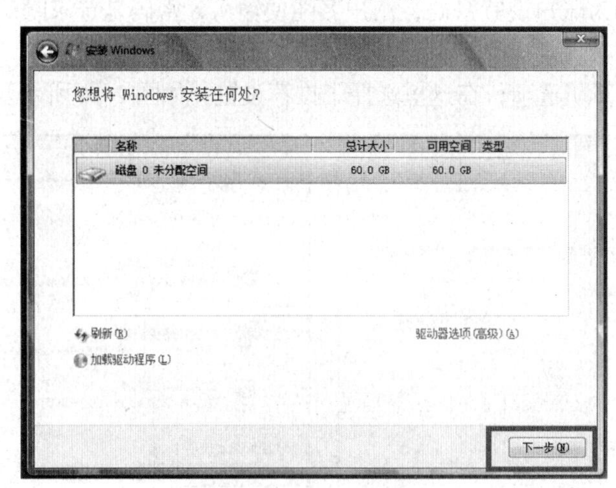

图 2-9 选择安装地方

（5）进入安装状态，注意提示“安装过程中可能重新启动多次”，这属于正常现象，不必慌张。这里将进行复制 Windows 文件、展开 Windows 文件、安装功能及安装更新等步骤，这可能需要很长时间，请耐心等待，如图 2-10 和图 2-11 所示。

图 2-10　正在安装...

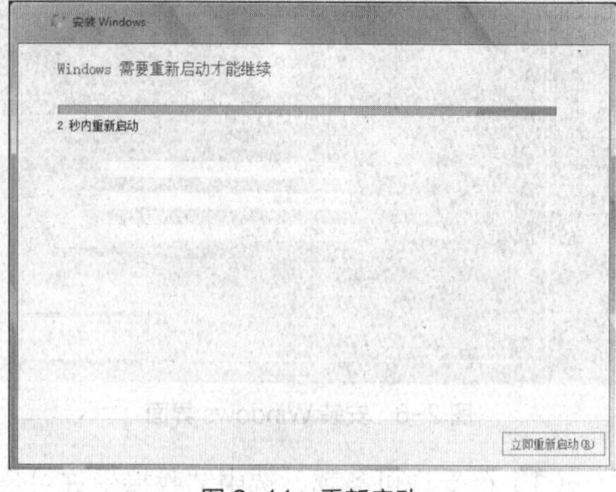

图 2-11　重新启动

（6）重新启动后，将进行更新注册表设置、检查视频性能等，如图 2-12 所示。

图 2-12　注册表更新、检查视频性能

（7）创建账户和为账户设置密码，用户名随便输入，密码是登录时的密码，注意牢记。如图 2-13 所示。

（8）设置保护计算机选项，在这里选择了推荐设置，如图 2-14 所示。

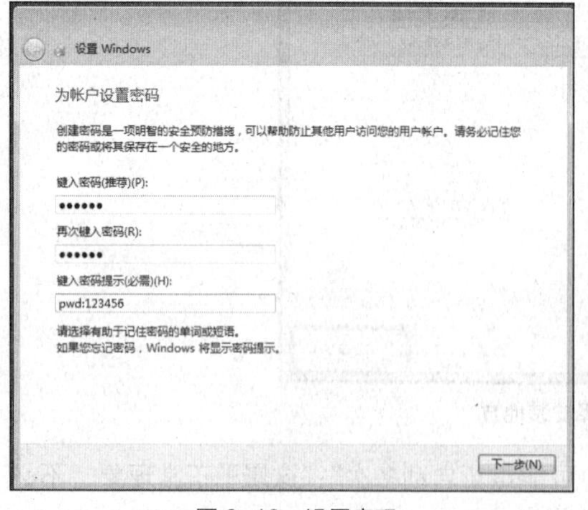

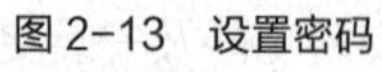
图 2-13　设置密码

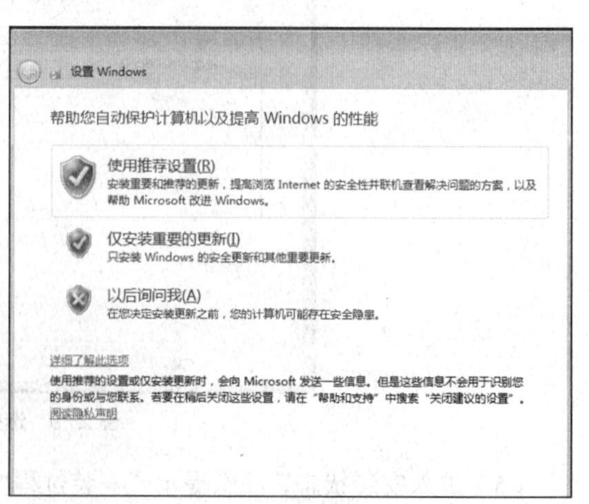

图 2-14　设置安全选项

（9）设置日期和时间，一般情况下已经设置好了，有时需要自己调整，如图 2-15 所示。

（10）至此，Windows 7 安装完毕，进入到 Windows 7 桌面，效果如图 2-16 所示。

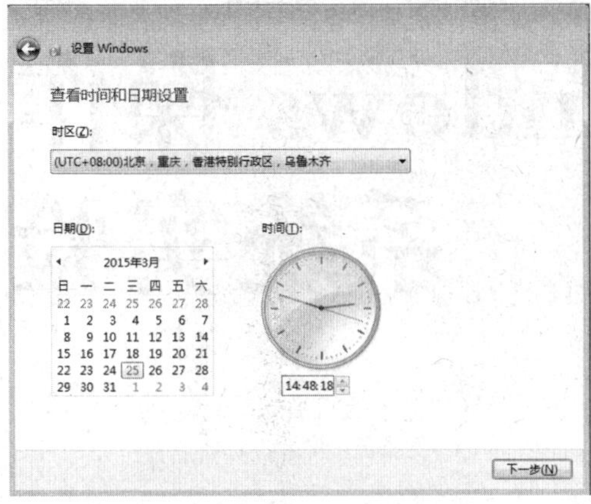

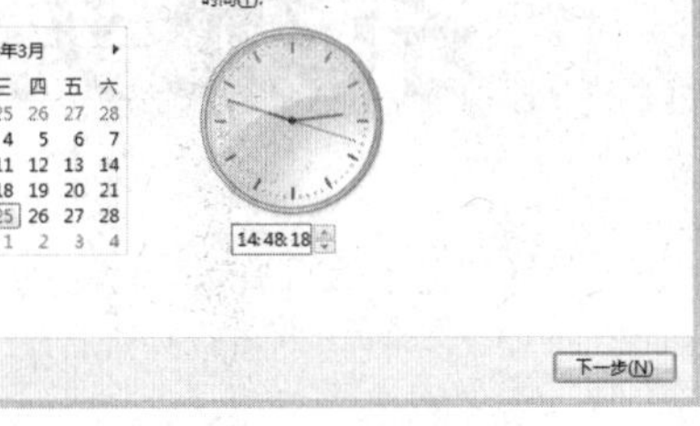

图 2-15　设置日期时间

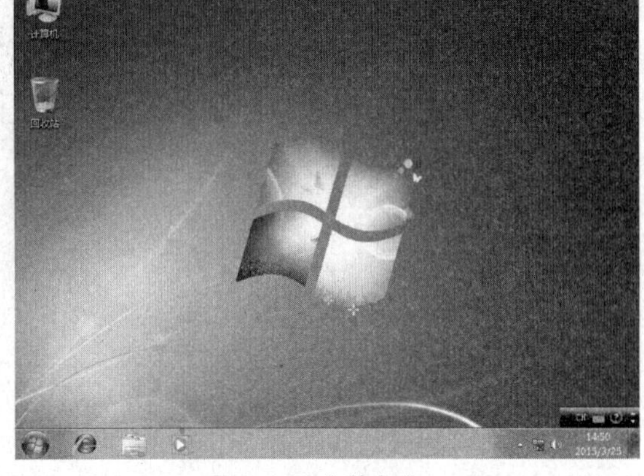

图 2-16　安装完成

五、思考题

1. 如何将硬盘设为第一启动盘?
2. 硬盘分区中的主分区和逻辑分区有什么区别?
3. 文件格式 NTFS 和 FAT 有什么区别?

PART 2-2 实验 2-2 Windows 操作系统实验

一、实验目的

学习 Windows 操作系统的基本操作，了解其常用操作。

二、实验条件要求

（1）硬件：计算机。
（2）系统环境：Windows 7。
（3）软件：红蜻蜓抓图软件安装包（2013 V2.15）。

三、实验内容

（1）设置桌面背景、屏幕保护和分辨率。
（2）设置和查看 IP 地址。
（3）文件压缩和打包。
（4）设置文件夹显示属性。
（5）安装软件。
（6）卸载软件。
（7）设置环境变量。
（8）文件夹操作。

四、实验步骤

1．设置桌面背景、屏幕保护和分辨率

在桌面上单击鼠标右键，选择“个性化”菜单。在弹出的窗口中可以看到下方有一个“桌

面背景”的标志，单击选择桌面背景，在背景列表框中可以看到里面有系统自带的一些背景图片，用户可以根据自己的喜好，选择其中的某一张作为桌面的背景。如果这些图片都不喜欢，可以单击“浏览…”按钮，从电脑上选择其他图片。显示效果如图 2-17、图 2-18 所示。

在图 2-19 所示的“个性化”对话框中选择“屏幕保护程序”选项，可以设置屏幕保护程序。当用户长时间不使用计算机长时，计算机将启动屏幕保护程序，用来延长显示器的使用时间。在屏幕保护程序中选择“气泡”。

桌面单击鼠标右键，选择“屏幕分辨率”选项。设置分辨率为 1366 像素×768 像素。单击“应用”按钮，观察屏幕颜色、尺寸的变化。

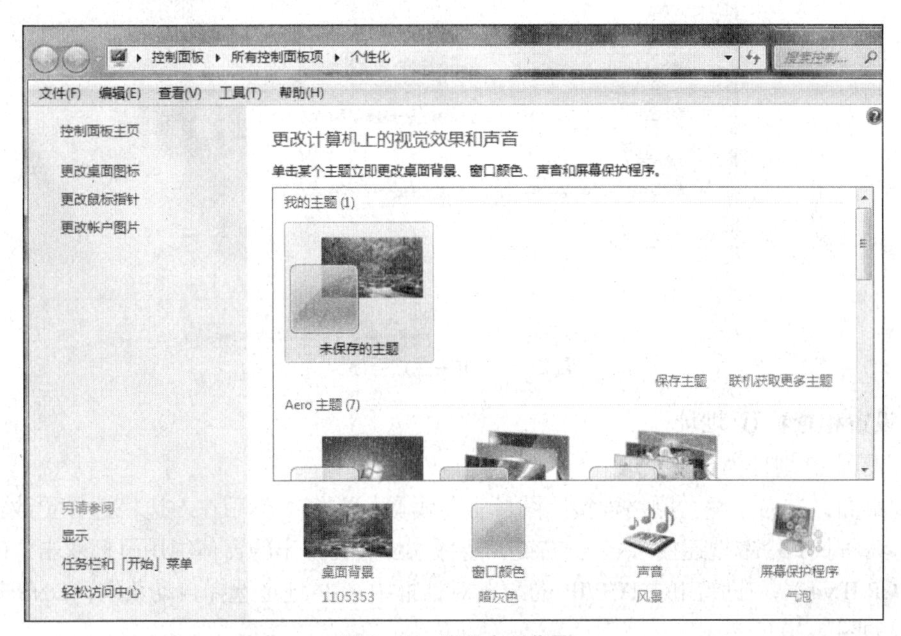

图 2-17　设置桌面背景

图 2-18　设置桌面背景

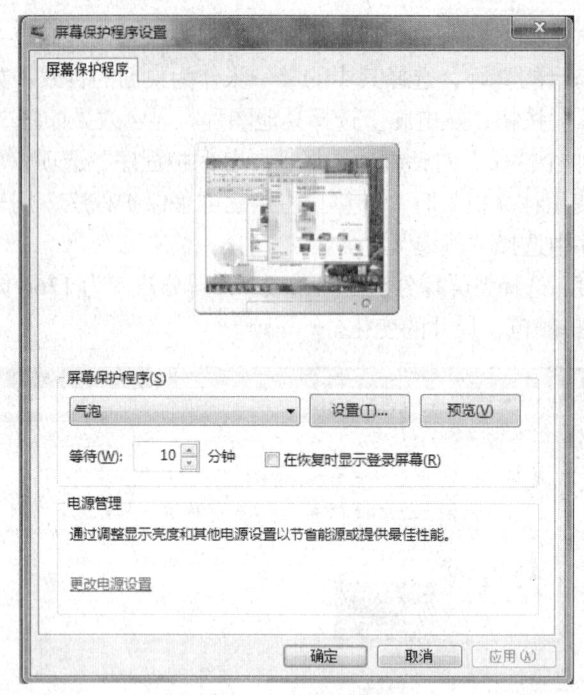

图 2-19　屏幕保护程序

2. 设置和查看 IP 地址

（1）设置 IP 地址为自动获取。

回到桌面，在右下角“网络连接”图标上单击鼠标右键，然后在左边栏选择更改适配器配置，再然后找到“本地连接”，单击右键，选择属性，在弹出的窗体中用鼠标双击“Internet 协议（TCP/IPv4）”，在弹出的 TCP/IP 的配置对话框中，IP 地址选择自动获取，DNS 选择自动获取，如图 2-20 所示。

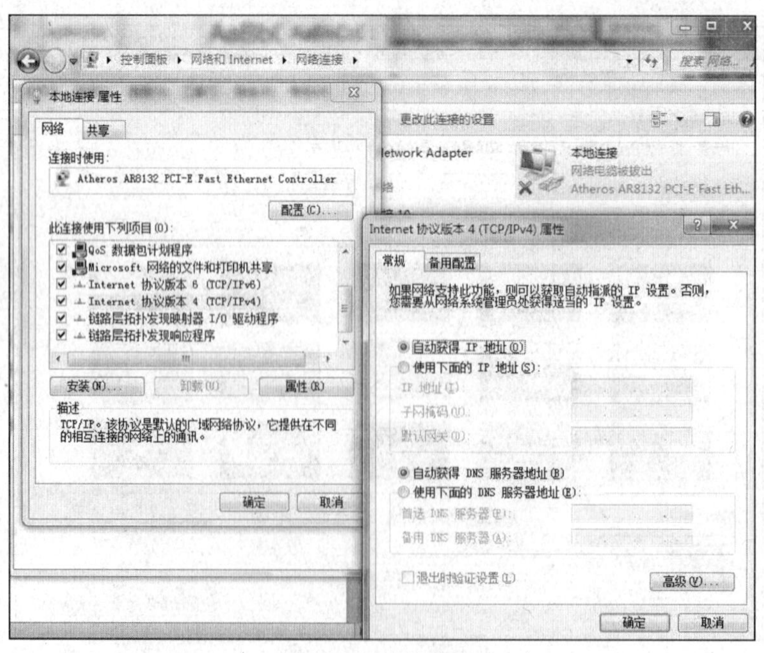

图 2-20　本地连接

（2）查看 IP 地址

依次单击“开始”→“运行”，在弹出的对话框中输入命令 cmd，然后回车。系统弹出一个命令窗口。在命令窗口中输入 ipconfig，回车，会显示本计算机的网络 IP 地址，效果如图 2-21 所示。本例中，计算机的 IP 地址是 192.168.0.67，子网掩码是 255.255.254.0，默认网关是 192.168.1.1。

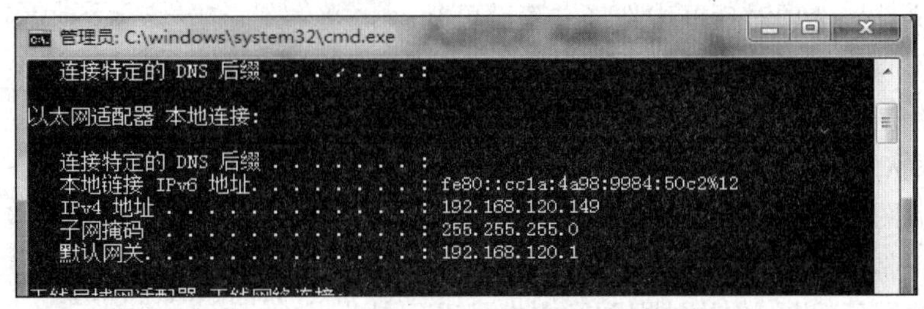

图 2-21　ipconfig

3．文件压缩

选择文件的方法较多（见表 2-1）。选择文件时可以使用鼠标画矩形来选择，可以使用 Shift+鼠标来进行连续文件的选择，也可以使用 Ctrl+鼠标进行不连续文件的选择。

表 2-1　文件选择

	功能	操作
鼠标	选择一个区域	按下鼠标左键，然后移动鼠标
Shift+鼠标	选择连续文件	先按下 Shift 键，然后使用鼠标左键单击文件，第一次单击选择开始位置，第二次单击选择结束位置，两次单击之间的所有文件将被选中
Ctrl+鼠标	选择不连续文件	先按下 Ctrl 键，然后使用鼠标单击需要的文件，每单击一次，选择一个文件

进入到 D 盘，使用 Ctrl+鼠标，选择 3～5 个文件，如图 2-22 所示。然后在其中任意一个被选中的文件上面单击鼠标右键，系统将弹出图 2-22 所示的菜单，选择其中的“添加到 xxxx.rar”。压缩程序便会开始对这些文件进行压缩，并在当前目录下生成一个新的压缩文件。在本示例中最后生成的压缩的名称是“签到(2013-01-17).rar”。

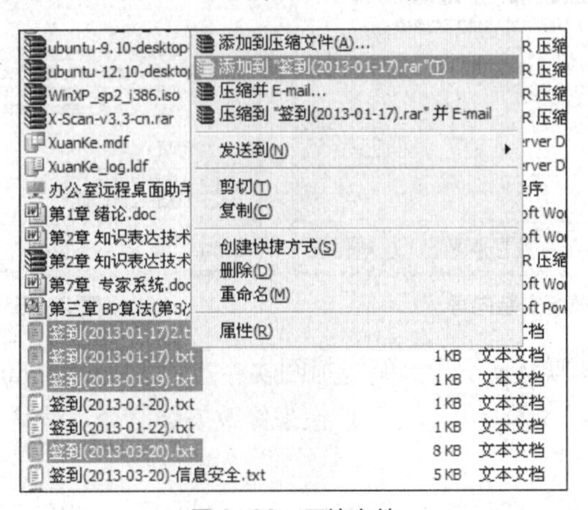

图 2-22　压缩文件

4．设置文件夹显示属性

（1）回到桌面，双击打开我的电脑，进入 D 盘。新建两个文本文件 test.txt 和 test.php。

（2）在菜单中选择“查看”，系统将弹出图 2-23 所示的对话框。

（3）在文件夹选项对话框中选择“隐藏已知文件扩展名”，单击“确定”按钮。请观察 D 盘文件中的变化，是否能够找到 test.txt 和 test.php。

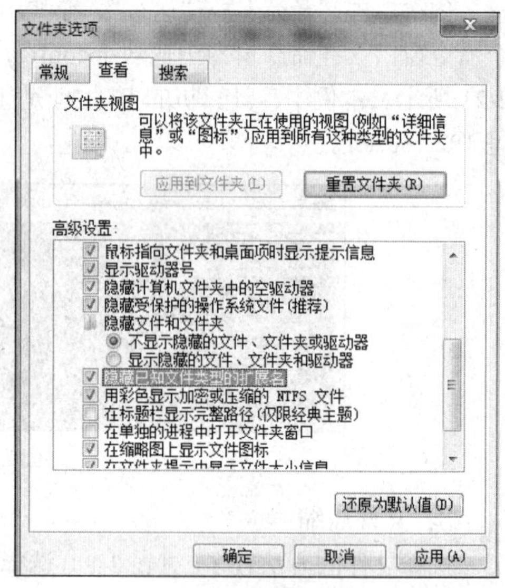

图 2-23　文件夹选项

5．安装软件

红蜻蜓抓图精灵（RdfSnap）是一款完全免费的专业级屏幕捕捉软件，能够让用户得心应手地捕捉到需要的屏幕截图。它的捕捉图像方式灵活，主要可以捕捉整个屏幕、活动窗口、选定区域、固定区域、选定控件、选定菜单、选定网页等，具有捕捉历史、捕捉光标、设置捕捉前延时、显示屏幕放大镜、自定义捕捉热键、图像文件自动按时间或模板命名、捕捉成功声音提示、重复最后捕捉、预览捕捉图片、图像打印、图像裁切、图像去色、图像反色、图像翻转、图像旋转、图像大小设置、常用图片编辑、外接图片编辑器、墙纸设置、水印添加等功能。捕捉到的图像能够以保存图像文件、复制到剪贴板、输出到画图、打印到打印机等多种方式输出。

安装前，首先要下载红蜻蜓抓图软件，下载结束后双击安装程序将弹出程序安装向导（见图 2-24）。阅读向导说明，确保符合条件后单击“下一步”按钮。

阅读安装许可协议。软件许可协议规定了使用该软件时用户所必需承担的一些法律责任，建议用户仔细阅读。如果觉得协议的内容可以接受，那么就选择图 2-25 中的“我接受(A)”按钮继续。

图 2-24　红蜻蜓安装向导

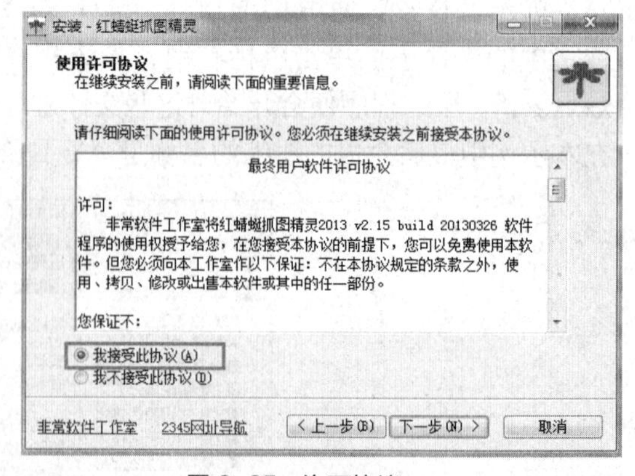

图 2-25　许可协议

选择安装的路径。在默认情况下红蜻蜓抓图软件安装在“c:\Program Files\Supersoft\Rdfsnap”目录中，我们可以单击“浏览（R）...”按钮来修改安装路径。确认安装路径正确后单击“下一步”按钮，如图 2-26 所示。

取消附加的安装任务。红蜻蜓在安装时，默认会捆绑安装 2345 的浏览器和导航面板，建议取消这两个软件的安装，如图 2-27 所示。浏览器推荐使用 chrome、firefox 或 IE，尽量不要使用其他浏览器。

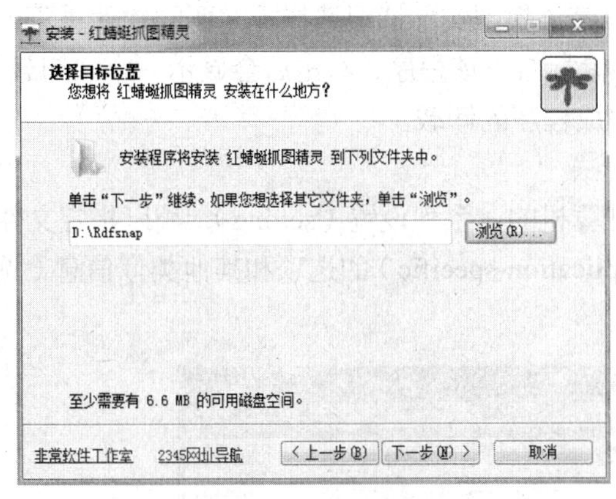

图 2-26　安装路径

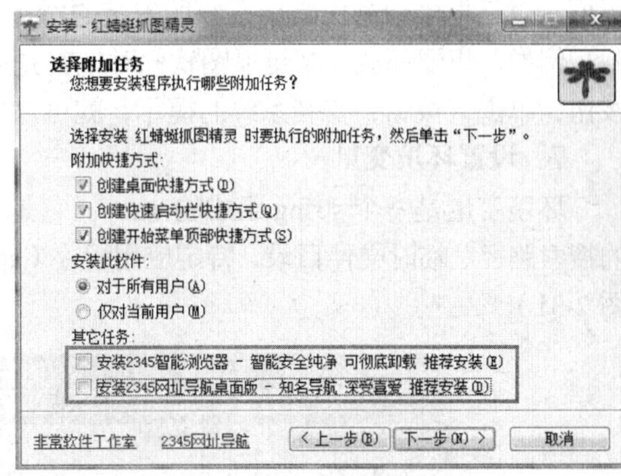

图 2-27　取消附加安装程序

红蜻蜓安装的最后一步，默认会修改用户浏览器的默认主页，会给用户带来不必要的网络流量，增加浏览器打开的时间。所以此步操作建议取消将 2345 网站设为首页的选项。尽量保持系统原来的样子，如图 2-28 所示。

程序安装结束后，可以在“开始→所有程序→红蜻蜓抓图精灵”目录中找到该软件的图标，单击后就可以运行，如图 2-29 所示。

图 2-28　安装结束

图 2-29　程序菜单

6．卸载程序

依次单击“开始”→“控制面板”，然后选择程序和功能。系统将弹出图 2-30 所示的对话框，对话框中会列出当前系统所安装的所有程序，根据实际情况选择不需要的软件进行卸载。例如，想要卸载红蜻蜓抓图软件时，首先用鼠标右击该程序，右击后会显示一个“卸载”按钮，单击该按钮，安装系统的提示，就可以完成程序的卸载。

7．设置环境变量

环境变量是一个 string 组成的 array。它是计算机的一系列设置（setting），用以指定文件的搜索路径、临时文件目录、特定应用程序（application-specific）的选项和其他类似信息（见图 2-31）。

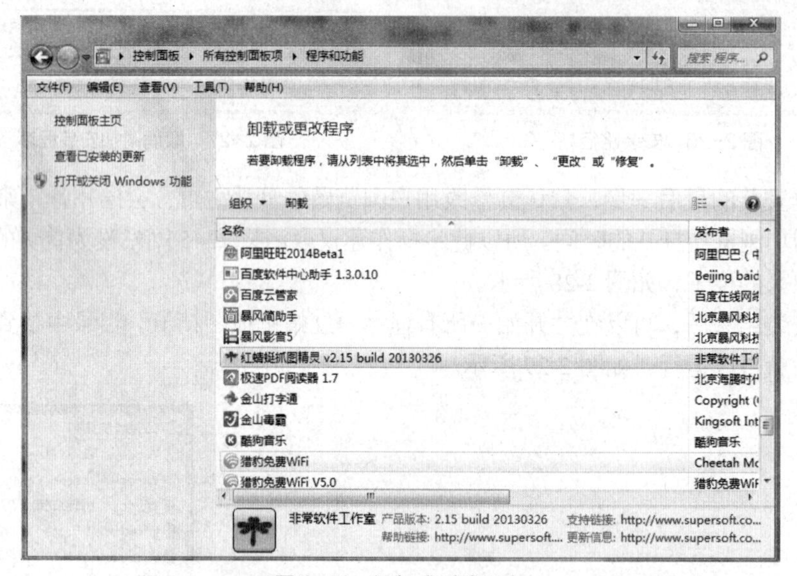

图 2-30　添加或删除程序

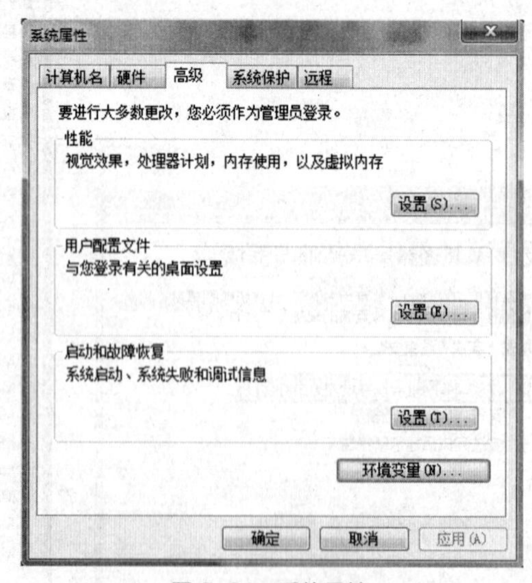

图 2-31　系统属性

环境变量控制着多种程序的行为。例如，TEMP 环境变量指定程序放置临时文件的位置。任何用户都可以添加、修改或删除用户的环境变量。但是，只有管理员才能添加、修改或删除系统环境变量。在桌面上，右键单击“我的电脑”，选择属性，在弹出的系统属性对话框中选择高级，然后在选择“环境变量”，可以自定义下列变量。

① 用于登录用户名（logged_on_user_name）的用户环境变量：对于特定计算机的每个用户来说，用户环境变量是不同的。变量包括由用户设置的任何内容，以及由应用程序定义的所有变量，如应用程序文件的路径。

② 系统环境变量：管理员可以更改或添加应用到系统（从而应用到系统中的所有用户）的环境变量。安装期间，Windows 安装程序配置默认的系统变量，如 Windows 文件的路径。

添加环境变量。在用户变量中找到变量名为 PATH 的环境变量（见图 2-32），选中该变量然后单击“编辑”按钮，弹出编辑用户变量对话框，如图 2-33 所示。将光标移动到变量值的最后边，输入一个变量分隔符——分号“;”，后边紧跟需要添加的变量的值“C:\windows\system”。这样就在环境变量中增加了一个值 c:\windows\system。

友情提示：

（1）分号一定要有。

（2）分号必须是英文、半角符号。

图 2-32　环境变量

图 2-33　修改环境变量

8．文件夹操作

电脑的文件系统可被形象地看作为文件“橱柜”。文件系统的高等的目录（文件夹）中有“抽屉”，低等的子目录中可能有“抽屉”中的文件夹。文件夹通常会与一个看起来很像真实文件夹的电脑图标一起展现。

（1）新建文件夹

打开 D 盘，在空白处单击鼠标右键，选择“新建→文件夹”。系统就会在当前的目录下新建一个名称为“新建文件夹”的文件夹。如图 2-34 所示，刚刚创建的文件夹名称处于编辑状态，用鼠标单击空白区域即可退出编辑状态。

（2）修改文件夹名称

修改文件夹名称时，在文件夹上面单击鼠标右键，在弹出的菜单中选择“重命名”，文件夹的名称便会进入到可编辑状态，使用 Delete 键删除原来的文件夹名称，输入新的文件夹名称“大学计算机”，确认无误后按 Enter 键确认，如图 2-35 所示。

图 2-34　新建文件夹

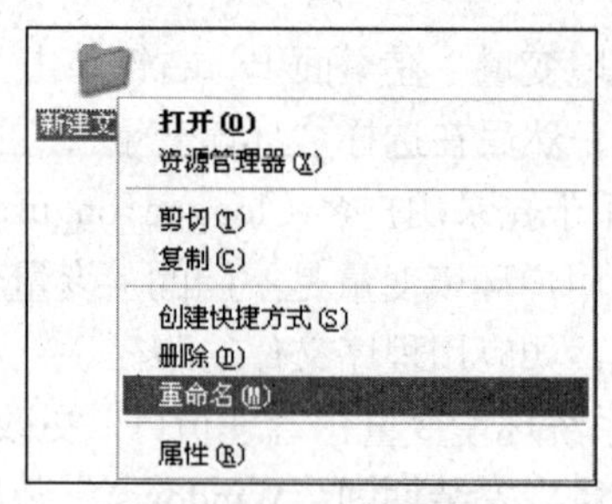

图 2-35　文件夹重命名

（3）删除文件夹

在文件夹“大学计算机”上面单击鼠标右键，选择“删除”菜单。删除文件时系统会询问是否真的要删除，选择“是”，文件夹将会被删除；如果选择“否”等于放弃删除操作。

PART 2-3

实验 2–3 DOS 磁盘文件操作命令

一、实验目的

本章主要通过常用的 DOS 命令的练习，了解 DOS 的基本功能、基本组成和常用命令的使用方法。

二、实验条件要求

（1）硬件：计算机 1 台。

（2）系统环境：Windows 7。

三、实验基本知识点

学习下面这些命令，注意其格式和参数（注意：DOS 下的命令不区分大小写）。放在中括号中的参数可省略，尖括号中的参数则不能省略。

1．DIR（Directory）

功能：显示指定路径上所有文件或目录（Windows 系统下一般称为“文件夹”）的信息。

格式：DIR [盘符][路径][文件名] [参数]

参数：

/w：宽屏显示，一行显示 5 个文件名，不显示修改时间，文件大小等信息。

/p：分页显示，当屏幕无法将信息完全显示时，可使用其进行分页显示。

/a：显示当前目录下的所有文件和文件夹。

/s：显示当前目录及其子目录下所有的文件。

2．MD（Make Directory）

功能：创建新的子目录。

格式：MD [盘符:][路径名]〈子目录名〉

3．CD（Change Directory）

功能：改变当前目录。

格式：CD [盘符:][路径名][子目录名]

注意：

根目录是磁盘驱动器的目录树结构的顶层，要返回到根目录，在命令行输入 cd \即可。

如果想返回到上一层目录，在当前命令提示符下输入 cd..即可。

如果想进入下一层目录，在当前命令提示符下输入 cd 目录名。

4．全屏幕编辑命令：EDIT

格式：EDIT [盘符:][路径名]<文件名>

说明：

（1）仅可编辑纯文本格式的文件；

（2）指定文件存在时则打开并编辑该文件，不存在时则新建该文件。

5．显示文件内容命令：TYPE

格式：TYPE [盘符:][路径]〈文件名〉

说明：

（1）可以正常显示纯文本格式文件的内容，而.COM 和.EXE 等显示出来是乱码；

（2）一次只能显示一个文件内容，所以文件名不能使用通配符。

6．文件复制命令：COPY

格式：COPY [源盘][路径]〈源文件名〉[目标盘][路径][目标文件名]

说明：

（1）源文件指定想要复制的文件来自哪里——[盘符 1:][路径 1][文件名 1]

（2）目标文件指定文件复制到哪里——[盘符 2:][路径 2][文件名 2]

（3）如默认盘符则为当前盘符，路径若为当前目录可默认路径；

（4）源文件名不能默认，目标文件名默认时表示复制后不改变文件名。

7．显示目录树结构命令：TREE

功能：显示指定驱动器上所有目录路径和这些目录下的所有文件名。

格式：TREE [盘符:][路径] </f>

8．文件改名命令：REN

格式：REN [盘符:][路径]〈旧文件名〉〈新文件名〉

说明：

（1）改名后的文件仍在原目录中，不能对新文件名指定盘符和路径；

（2）可以使用通配符来实现批量改名。

9．显示和修改文件属性命令：ATTRIB

格式：[盘符][路径] ATTRIB [文件名][+S/－S][+H/－H][+R/－R][+A/－A]

说明：

（1）盘符和路径指出 ATTRIB.EXE 位置；

（2）参数+S/－S：对指定文件设置或取消系统属性；

（3）参数+H/－H：对指定文件设置或取消隐含属性；

（4）参数+R/－R：对指定文件设置或取消只读属性；

（5）参数+A/－A：对指定文件设置或取消归档属性；

（6）省略所有参数时，该命令功能是显示指定文件的属性。

10．删除文件命令：DEL

格式：DEL [盘符:][路径]〈文件名〉[/P]

说明：

（1）此命令中的文件名可使用通配符，实现一次删除一批文件（但要慎重使用，以免误操作）；

（2）与删除子目录命令相结合，可将非空目录删除，方法是先用 DEL 删除指定目录下的文件，使其成为空目录，然后再用 RD 删除目录。

11．删除目录命令：RD（Remove Directory）

功能：从指定的磁盘删除目录。

格式：RD [盘符:][路径名][子目录名]

四、实验步骤

1．打开命令框

在“开始”菜单中打开“所有程序”，选择“附件”，再选择“命令提示符”，如图 2-36 所示；或按键盘上的 Windows 徽标键+R 键，打开“运行”对话框，输入 cmd 后按回车后单击“确定”按钮。出现下面的黑色背景的对话框就代表打开了 DOS 命令框，如图 2-37 所示。

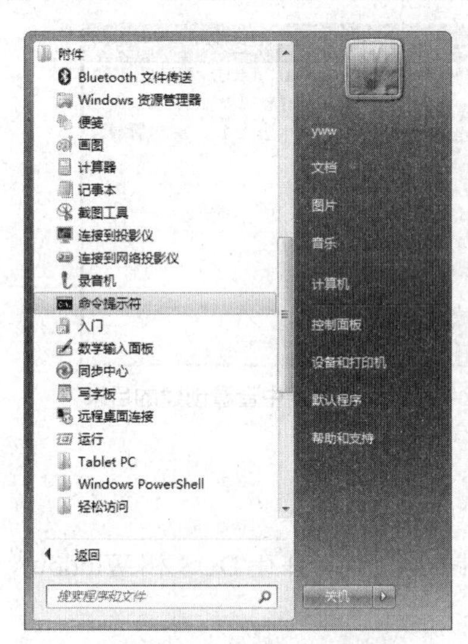

图 2-36 “命令提示符”位置

图 2-37 MS-DOS 命令窗口

2．改变需要进入的磁盘

我们现在假如要对 D 盘进行操作，最好先进入 D 盘。进入方法，输入盘符加“:”就可以了，如图 2-38 所示。

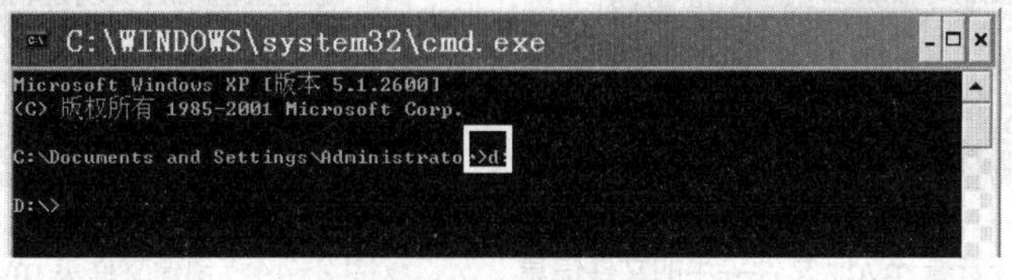

图 2-38 改变盘符结果

3. 使用 DIR 命令显示文件信息

先在 Windows 的资源管理器中查看“C:\WINDOWS\Debug”文件夹中的内容，如图 2-39 所示，然后再用 DIR 命令查看，两边的结果进行比较，我们会发现，DIR 查看时多出了两个文件夹，一个叫“.”，一个叫“..”，这两个是 DOS 系统自建的特殊目录，一个表示“当前目录”，一个表示“上一层目录”，如图 2-40 所示。

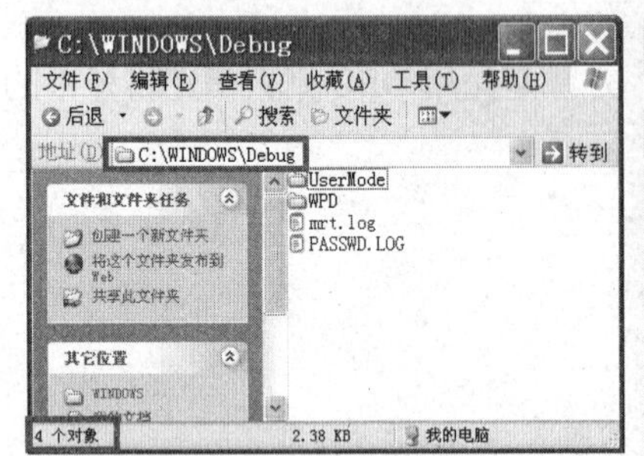

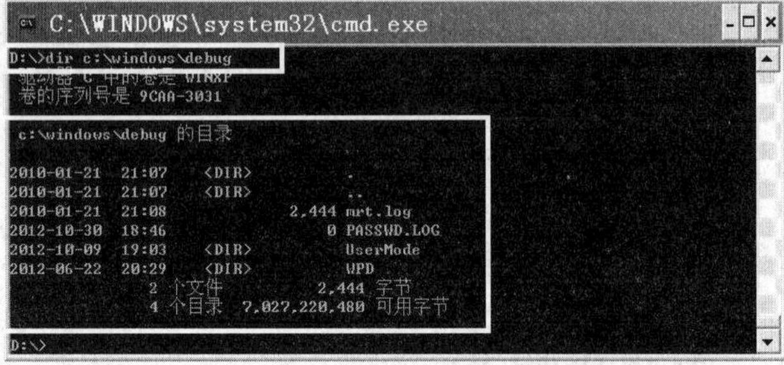

图 2-39 资源管理器中查看指定路径中的文件　　图 2-40 使用 MS-DOS 命令查看指定路径中的文件

4. 使用 MD 命令创建目录

使用 MD 命令创建目录，如图 2-41 所示。

创建成功后在 DOS 下没有任何提示，可以切换到 Windows 下查看该文件夹已创建成功，且其下没有任何文件和子文件夹，如图 2-42 所示。

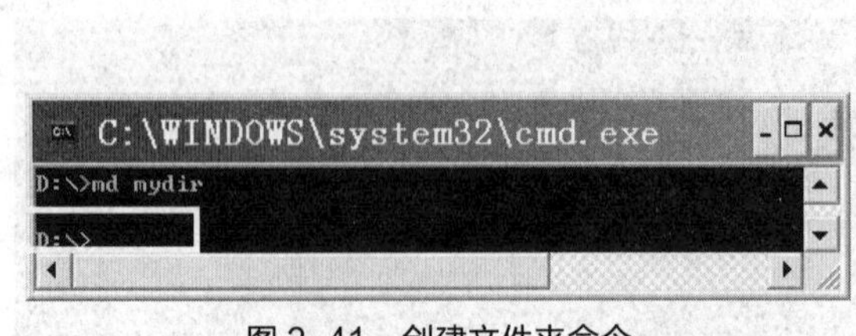

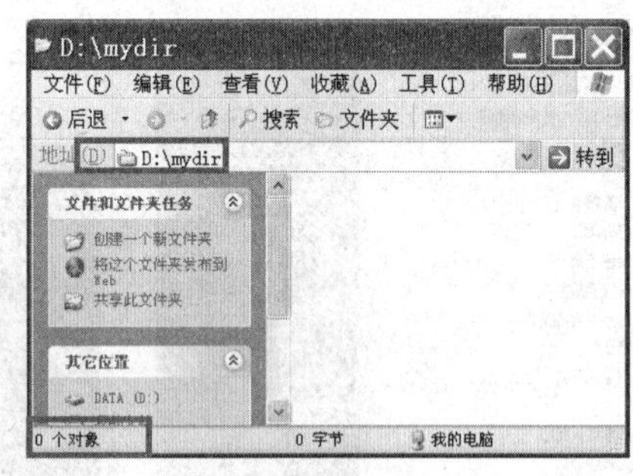

图 2-41 创建文件夹命令　　图 2-42 在资源管理器中查看创建的目录

5. 使用 CD 命令进入目录

使用 CD 命令进入 mydir 子目录，如图 2-43 所示。

在 mydir 目录下再建两个子目录:mydir1 和 mydir2,如图 2-44 所示,并在 DOS 和 Windows 下查看操作是否成功，如图 2-45 所示。

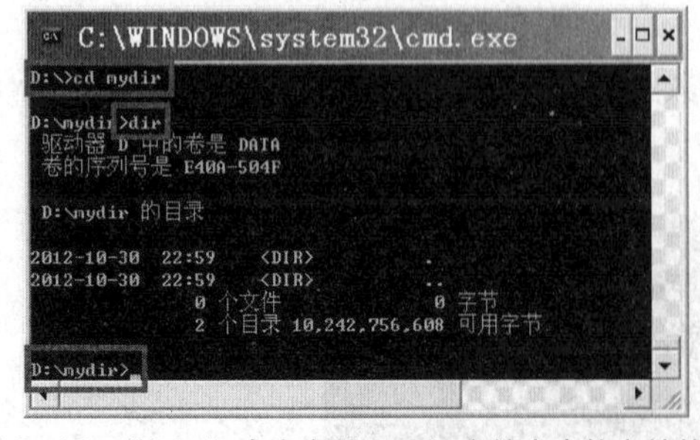

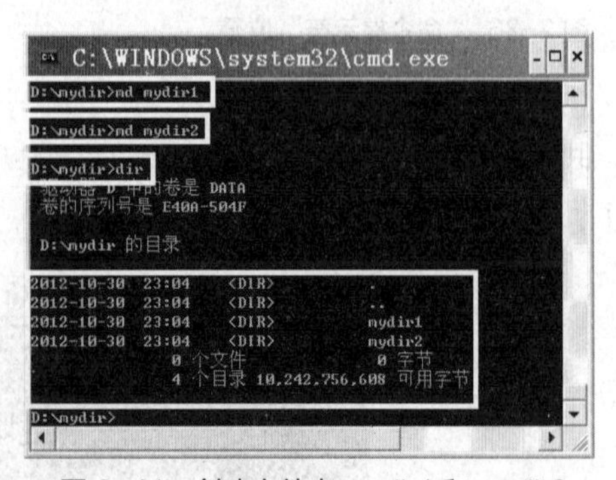

图 2-43 使用 dir 命令查看 mydir 文件夹中的文件信息　　图 2-44 创建文件夹 mydir1 和 mydir2

6．使用 EDIT 命令创建文件

我们可以使用 EDIT 命令来创建编辑一些纯文本内容的程序和批处理文件，如图 2-46 所示。

上图的命令是在 EDIT 中创建并打开 mytext1.txt 文件，我们可以在 edit 软件中对文件内容进行编辑，如可输入如下字符，如图 2-47 所示。

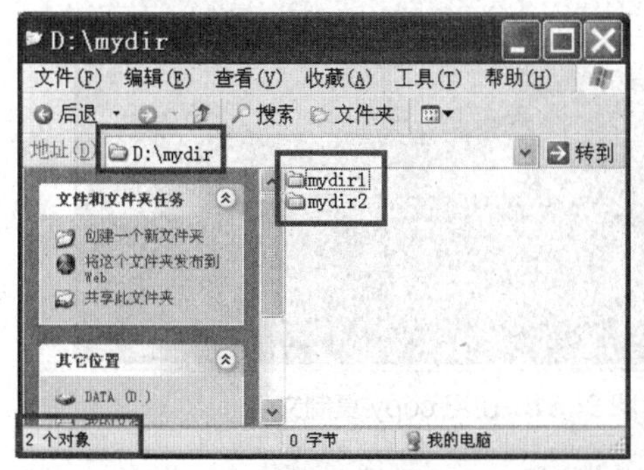

图 2-45　在资源管理器中查看文件夹 mydir1 和 mydir2

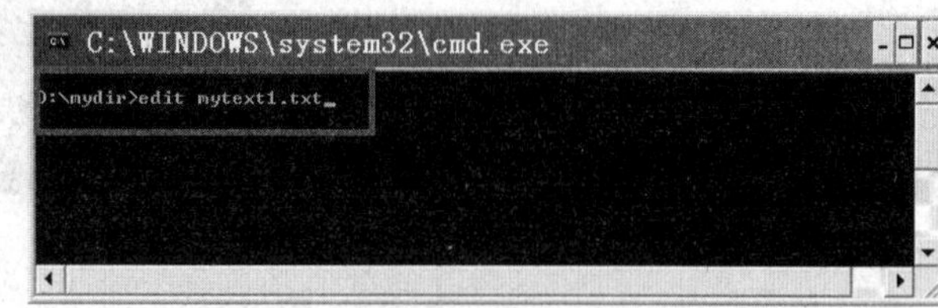

图 2-46　使用 edit 建立文件 mytext1.txt

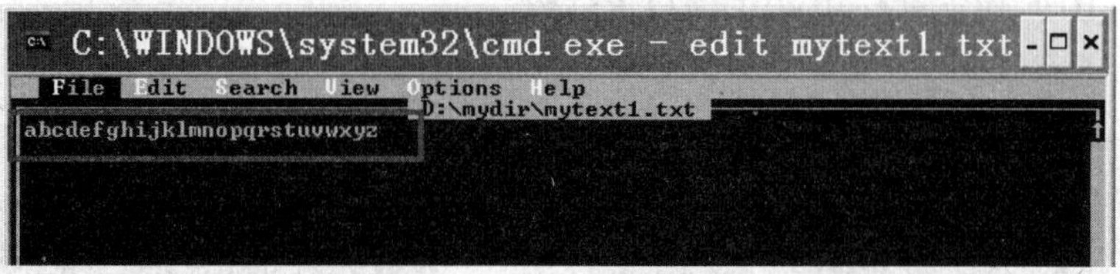

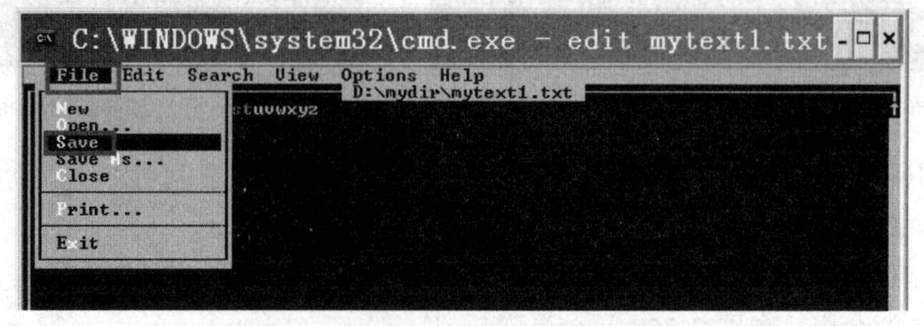

图 2-47　输入文本

按 Alt+F 快捷键打开“File”菜单，用上下光标键选择“Save”命令或按“S”键选择“存盘”命令，如图 2-48 所示。

图 2-48　保存文件

选择 File 菜单下的 Exit 命令关闭退出 Edit。

使用 TYPE 命令查看刚才所创建的文件，如图 2-49 所示。

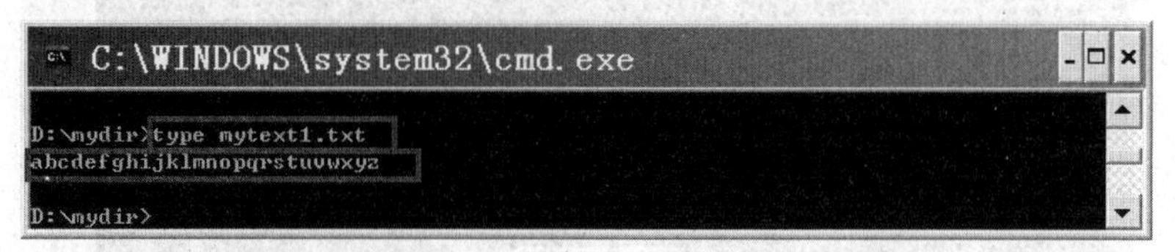

图 2-49　使用 type 查看文件

在 Windows 中查看刚才创建的文件，如图 2-50 所示。

7．使用 COPY 来复制文件

下图是将 mytext1.txt 文件复制到 mydir1 目录下的操作，如图 2-51 所示。

图 2-50　在 Windows 中查看 mytext1.txt 的内容

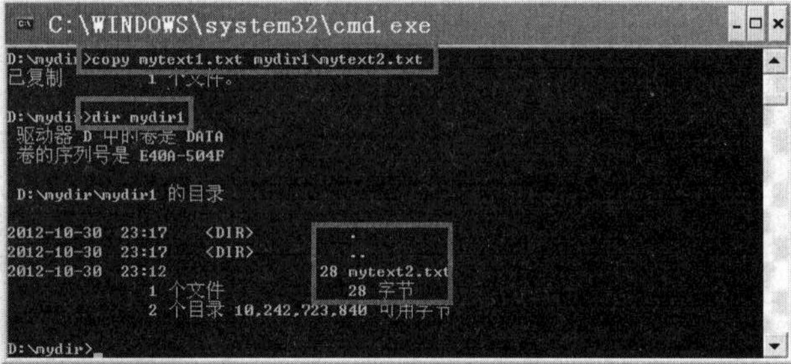

图 2-51　使用 copy 复制文件

图 2-52 是将 mytext1.txt 文件复制到当前位置并更名为 text2.txt 的操作。

8．使用 TREE 命令查看 mydir 的目录结构

图 2-53 是加参数/f 的效果，请试试不加参数/f 的结果有何不同。

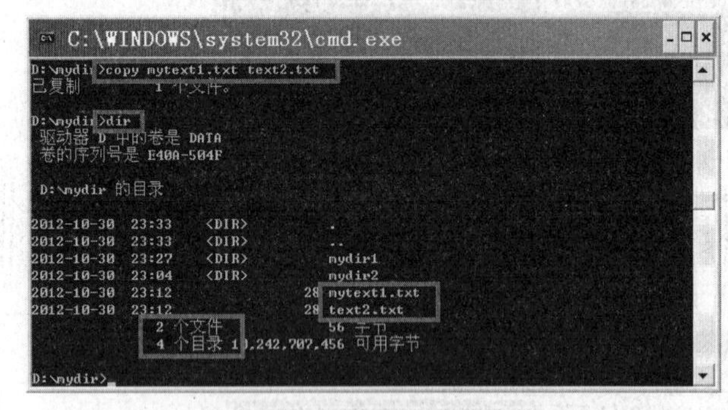

图 2-52　使用 copy 更名文件

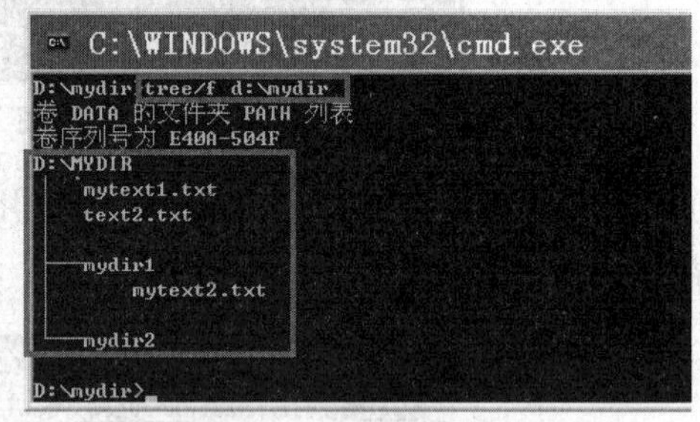

图 2-53　加参数的 tree 命令

9．使用 REN 命令对文件改名

使用 REN 命令将 text2.txt 改名为 mytext2.txt，如图 2-54 所示。

还可以使用通配符对文件进行批量改名操作，以下是将当前路径下所有扩展名为 txt 的文件更改为 DOC 的命令，如图 2-55 所示。

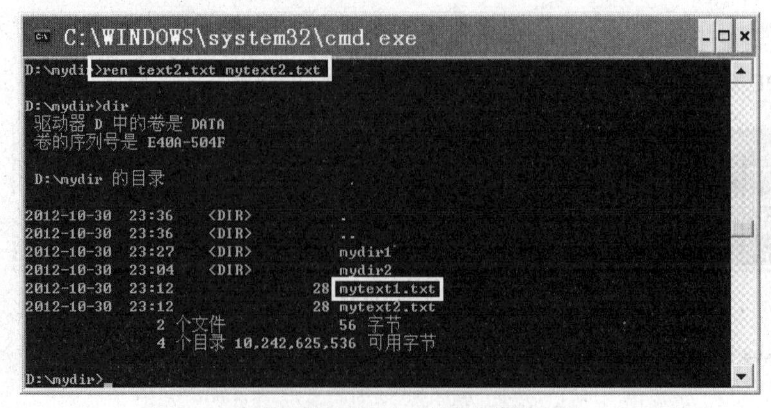

图 2-54　使用 ren 修改文件名

```
C:\WINDOWS\system32\cmd.exe
D:\mydir>ren *.txt *.doc

D:\mydir>dir
 驱动器 D 中的卷是 DATA
 卷的序列号是 E40A-504F

 D:\mydir 的目录

2012-10-30  23:40    <DIR>          .
2012-10-30  23:40    <DIR>          ..
2012-10-30  23:27    <DIR>          mydir1
2012-10-30  23:04    <DIR>          mydir2
2012-10-30  23:12                28 mytext1.doc
2012-10-30  23:12                28 mytext2.doc
               2 个文件             56 字节
               4 个目录 10,242,621,440 可用字节

D:\mydir>
```

图 2-55 使用 ren 批量修改文件扩展名

10．使用 ATTRIB 命令查看、修改文件属性

使用 ATTRIB 加文件名查看该文件的属性；使用 ATTRIB 加文件名再加“加/减 属性”则是为其添加或删除某些属性，如图 2-56 所示。请参照本实验指导书前面的知识点来理解以下命令。

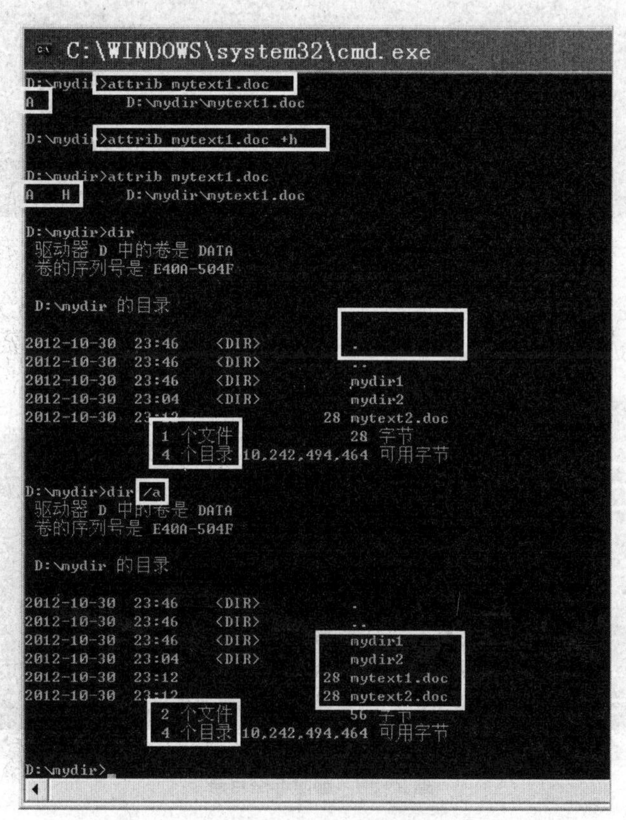

图 2-56 ATTRIB 命令的使用

11．使用 DEL 命令删除文件

删除刚才所复制的文件，注意下例中使用的路径是绝对路径，如图 2-57 所示。

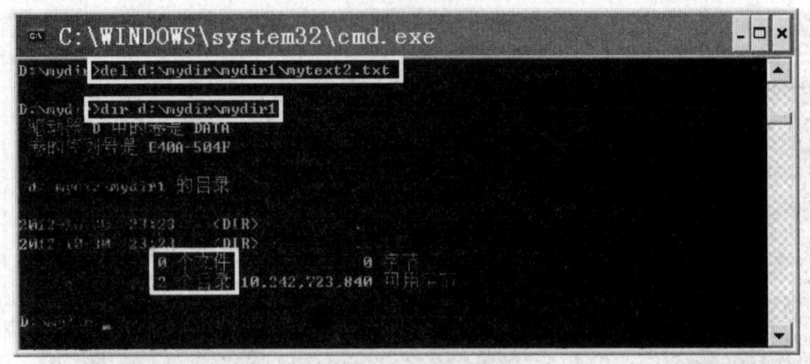

图 2-57　删除文件

12．使用 RD 命令删除目录

空子目录可直接删除，如图 2-58 所示。

图 2-58　删除空目录

非空子目录不能直接删除，要么先将其下的文件和目录删除，让其变为空目录后再删除；要么使用 RD 命令的/s 参数来删除，如图 2-59 所示。

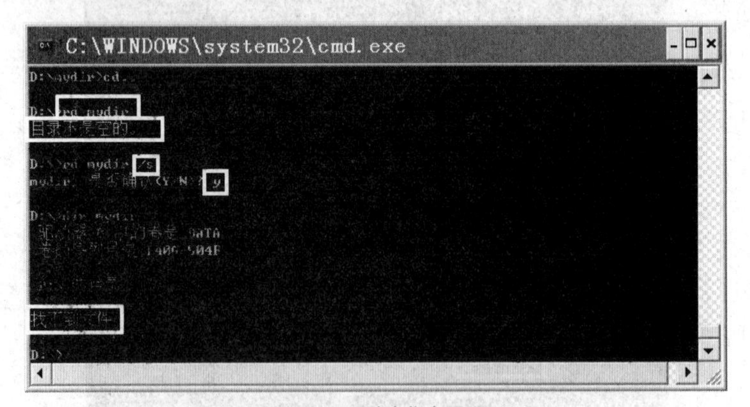

图 2-59　删除非空目录

PART 2-4

实验 2-4 Linux 基本命令实验

一、实验目的

（1）了解命令行操作系统使用的方法。

（2）掌握 Linux 操作系统的基本使用方法。

二、实验条件

安装 Linux PC。但是，如果手边只有 Windows PC，那么我们也可以采用一些临时解决方案，比如：

（1）利用 PuTTY 远程登录到 1 台 Linux 主机上；

（2）利用 Cygwin 来尝试 Linux 命令行。

三、实验基本知识点

（1）一般情况下，专业的服务器都不安装图形化软件，系统管理员都只用键盘。主要是基于以下几点进行考虑的。

① 安全。键盘命令都很小巧，而鼠标软件（图形化软件）则相对庞大得多。小巧的软件比庞大的软件代码量少很多，这也就意味着它的漏洞比庞大的图形化软件少很多。

② 高速。真正的服务器都是远程管理的，也就是说，要通过网络来传送控制信息。传送一个键盘命令，比如 ls，只需要传送两个字节；而传送一个“鼠标命令”却要传送一个庞大的图形界面。传送的数据量是前者的上千倍。

③ 高效。庞大的图形化软件要消耗庞大的系统资源。与之相比，小巧的键盘命令所占用的系统资源几乎可以忽略不计。服务器是为客户提供服务的，而安装图形化软件，来满足管理员使用鼠标的需求，浪费系统服务器的资源。

（2）Linux 命令行是非常经典的一款操作系统，始于 1969 年，UNIX 命令行的存在已经有43年历史了，它不仅没有萧条，而且还高居编程语言排行榜的前列。2013年4月的统计表明，bash也就是我们将要使用的Linux命令行工具，它在上百种编程语言中排名第16位。

（3）命令行就是一套完备的编程语言，它可以用来编写很严肃，很重要的程序。Linux系统中众多重要的程序都是用bash实现的。好了，从现在开始让我们一起接触一下Linux命令行。

（4）Linux文件系统，如图2-60所示。

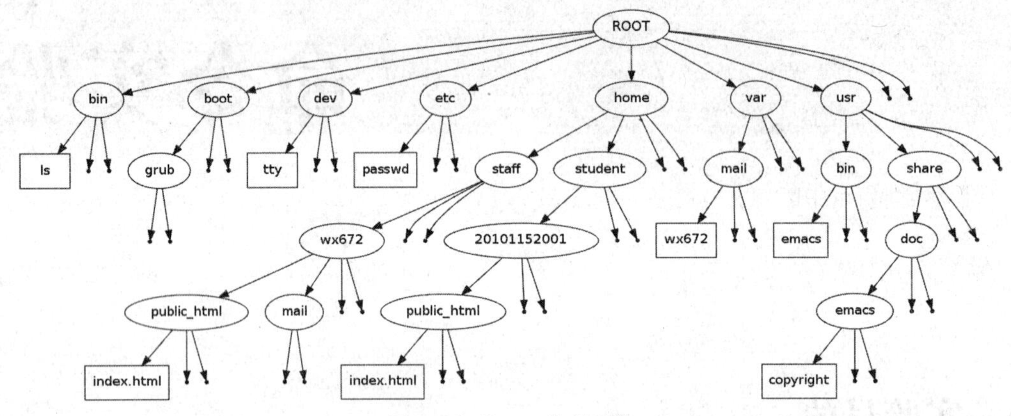

图2-60 Linux文件系统

我们必须先熟悉Linux文件系统。很简单，所谓文件系统，就是一棵“树”，如图2-60所示，由主干派生出很多的枝叉。“主干”就是最上面的那个“ROOT”目录，它里面有bin、boot、dev、etc、home等子目录或文件。每个子目录中又可以有更多的子目录或文件。

（5）关于图2-60，有几件事情我们必须非常注意。

① 根（ROOT）目录通常用斜杠（"/"）来表示。那么，根目录中的子目录或文件就表示为 /bin, /boot, /dev… 那么，/home/staff/wx672/public_html/index.html就表示根目录下的home目录下的staff目录下的wx672目录下的public_html目录下的index.html文件。

② Linux是多用户系统，它就像一个“单元楼”。你只是这楼里面的住户之一。这意味着：

a. 你只能往自己的家里放东西（如建立新文件或目录）；

b. 你可以随意处置自己家里的东西（比如修改或删除文件）；

c. 通常情况下，你可以看到别人家里的东西。因为，通常情况下各家的窗帘都是拉开的。这意味着，你可以给别人家里的东西“拍照片”（如复制别人的文件到自己的家里）。

d. 如果你不希望别人随意复制你的东西，那么你可以用chmod命令来修改文件、目录的权限，比如chmod go-rwx my-very-secret就是将my-very-secret文件的权限设置为别人不可读、不可写、不可执行。“别人”有两种，一种是group member（组员）；另一种是other（其他人）。上面命令中的go-rwx就是说，将组员和其他人的权限“减去”readable（可读）、writable（可写）和executable（可执行）。

③ 我的家在哪儿?

echo $HOME这个命令就是用来显示HOME系统变量的值（【注意】UNIX都是严格区分大小写的）。通常情况下，你只要敲cd就可以直接“回家”了。

④ 常用命令介绍。

```
man
```

功能：查看命令使用手册。

示例：查看命令ls的使用手册。

```
man ls
```

按空格键去下一页；按 B 键回上一页；按 / 搜索；按 H 键显示帮助信息；按 Q 键退出。

注意：

技术手册不是小说，它更像是一本字典，不是用来“通读”的，所以，你要学会尽快从手册里找到你想要的信息。

下面凡是看不太明白的命令，都可以用 man 来看看它们的使用手册。

```
ls
```

功能：浏览目录和文件。

格式：ls [选项]... [文件名]...

示例：

浏览当前目录中的内容。

```
ls
```

浏览 /usr/bin 目录中的内容。

```
ls /usr/bin
```

浏览 /usr/bin 目录的详细内容。

```
ls -l /usr/bin
cd
```

功能：进入某个目录。

示例：

进入 /usr/bin 目录。

```
cd /usr/bin
```

回到自己的“家”。

```
cd
```

自己的家到底在哪里。

```
pwd
```

进入上一级目录。

```
cd ..
mkdir
```

功能：建立一个新目录。

示例：在当前目录里，建立一个名字叫“mp3”的目录。

```
mkdir mp3
cat
```

功能：把若干个文件叠加起来，连续输出到屏幕上。

示例：把文件 /etc/papersize 和文件 /etc/issue 连起来输出到屏幕上。

```
cat /etc/papersize /etc/issue
```

把文件 /etc/passwd 和文件“没有”连起来输出到屏幕上（实际上就是直接输出 /etc/passwd 文件的内容）：

```
cat /etc/passwd
```

把文件 /etc/passwd 的内容输出给另一个文件/tmp/mypasswd（实际上就是给/etc/passwd 文件做了一个拷贝）：

```
cat /etc/passwd > /tmp/mypasswd
```

把文件“标准输入”（也就是键盘输入）的内容输出给另一个文件 /tmp/hello.sh （实际上就是通过键盘输入创建一个新文件，名字叫 /tmp/hello.sh）：

```
cat > /tmp/hello.sh
```

```
echo 'Hello, world!'
^D
```

注意：

上面最后一行是按 Ctrl+D 快捷键退出（也就是说“键盘输入结束”）。现在，可以看看这个新文件的内容了。

```
cat /tmp/hello.sh
```

恭喜你，你已经会在命令行编程了！不信？现在可以运行一下你的小程序：

```
bash /tmp/hello.sh
```

屏幕上是不是输出了 "Hello, world!"?

总结：现在我们最好总结一下，看看 cat 到底能做些什么？

连续输出多个文件，比如：

```
cat /etc/papersize /etc/issue /etc/passwd
```

把多个文件串起来，输出给另一个新文件：

```
cat /etc/papersize /etc/issue /etc/passwd > /tmp/my-big-file
```

能输出多个文件，当然也就能只输出一个文件，也就是直接阅读某个文件的内容：

```
cat /etc/passwd
```

拷贝文件：

```
cat /etc/issue > /tmp/myissue
```

通过键盘输入，创建新文件：

```
cat > /tmp/hello.sh
```

貌似 cat 可以用来做所有的事情了，不是吗？当然不是了。UNIX 的设计思想是“Do one thing, and do it well”（做一件事情，并且把它做好）。cat 就是这样一个小工具，它只做一件事情——把文件串起来输出到屏幕上，但我们可以利用它的这一特性来完成“读文件、写文件、拷贝文件、修改文件……”许多工作。

当你需要编辑复杂而庞大的文件时，cat 显然就不适用了。这时，你需要的是一个专门的编辑器。UNIX 平台最强大的编辑器要算 Emacs 和 Vim 了。这两个编辑器也都有 Windows 版本，而且都是开源免费的。但对于刚接触命令行的菜鸟，也许 nano 更容易些。

```
less
```

功能：分页阅读文件的内容。

示例：阅读 /etc/passwd 文件的内容。

```
less /etc/passwd
```

按空格键去下一页；按 B 键回上一页；按/搜索；按 Q 键退出。

```
cp
```

功能：拷贝文件。

示例：把文件 /etc/issue 拷贝为 /tmp/myissue 目录。

```
cp /etc/issue /tmp/myissue
```

把文件 /etc/passwd, /etc/fstab, /etc/papersize, 拷贝到目录 /tmp:

```
cp /etc/passwd /etc/fstab /etc/papersize /tmp
```

把目录 /etc/default 拷贝到 /tmp 目录：

```
cp -a /etc/default /tmp
rm
```

功能：删除文件。

示例：删除 /tmp/passwd 和 /tmp/issue 文件。

```
rm /tmp/passwd /tmp/issue
```

删除 /tmp/default 目录：

```
rm -r /tmp/default
mv
```

功能：移动文件（也就是给文件改名字）。“换地方”和“改名字”是一回事吗？相信我，是一回事。

示例：把文件 /tmp/issue 移动到 /tmp/default 目录里去。

```
mv /tmp/issue /tmp/default
```

把文件 /tmp/passwd 改名为 /tmp/secret:

```
mv /tmp/passwd /tmp/secret
```

怎么样？“换地方”和“改名字”有什么区别吗？

以上，我们简单介绍了几个最基本、最常用的小命令。

如果你想学习更多那么你就去 Google 一下“Linux 命令行”；

还可以去看看这本书《Advanced Bash-Scripting Guide》，它涵盖了 bash 编程的方方面面。

四、实验步骤

在了解基本知识点之后，我们现在可以试试身手了。打开终端，利用上面学到的小命令来做些事情吧。

先熟悉一下 Linux 文件系统，也就是“目录树”。

进入 /etc 目录，看看里面有些什么？（都是些系统配置文件）

```
cd /etc && ls
```

&& 是“逻辑与”操作，也就是说，如果第一个命令 cd /etc 成功了，就接着完成第二个任务 ls;

如果第一个命令出错了，那么第二个命令将不被执行。

再进入 /boot 目录，看看里面有些什么？（都是系统启动必不可少的东西，比如操作系统内核）

```
cd /boot && ls -l
```

ls 的-l 选项代表“long”，是说要列出当前目录的“长”列表，换句话说，就是要看详细的信息。

再进入 /usr/share/doc 目录，看看里面有些什么？（都是 documentation，也就是说，你安装了的所有软件，它们的使用说明书都放在这个目录里）

```
cd /usr/share/doc && ls
```

好，现在该“回家”看看了。

```
cd; ls
```

注意：

这里我们没有再用&&，而是用了“分号”。分号仅仅用来分隔两个命令。这两个命令之间没有任何“逻辑操作”关系。也就是说，不管第一个命令是否会出错，第二个命令都将得到执行。

在家里新建一个目录，名字叫 try。进入 try 目录，然后我们要在里面 try 一些新东西。

```
mkdir try && cd try
```

先让我们用 cat 来建立一个简单的 todo list，也就是一个小备忘录，名字就叫 todo 吧。

```
cat > todo
```

向里面写点有意义的东西，比如说：

```
1. Don't forget Google "linux commandline tutorial"（别忘了 Google 一下“Linux 命令行教程”）
2. Read Advanced Bash-scripting Guide（看看《高级 Bash 编程指南》）
^D
```

上面一行是按 Ctrl+D 快捷键退出。现在回顾一下它的内容，还是用 cat：

```
cat todo
```

噢，糟糕，忘了把《高级 Bash 编程指南》的网址加进去了，怎么办？很简单，还是用 cat：

```
cat >> todo
URL: http://tldp.org/LDP/abs/html/ （该书的网址）
^D
```

注意：

">"表示写入某文件，并把它原来的内容覆盖掉；

">>"表示将新内容累加到原来文件的后面。

可是，如果不想在文件后面累加东西，而是想在这个文件的前面插入几行东西，那怎么做呢？两个选择。

① 用一个编辑器来编辑我们的 todo 文件。你可以用 Emacs、Vim 或者 nano。nano 比较好上手。

② 第二个选择是：

cat again！ how? follow me…

```
cat > tmp
Emacs url: http://www.gnu.org/software/emacs/
Vim url: http://www.vim.org/
^D
```

看明白了吗？我用 cat 写了一个新文件，名字叫 tmp。里面只有两行，就是 Emacs 和 Vim 的网址。然后：

```
cat todo >> tmp
```

没问题吧？将文件 todo 累加到 tmp 的后面。现在，做一点收尾工作：

```
mv tmp todo
```

明白吗？将 tmp 更名为 todo，也就是将旧的 todo 文件覆盖掉。简单吧？

糟糕，忘了把 nano 的网址添加进去了！而且想把它放在 Vim 那行的下面。怎么办呢？这样：

```
head -2 todo > tmp && echo 'nano url: http://www.nano-editor.org/' >> tmp
tail -3 todo >> tmp
mv tmp todo
```

五、思考题

1. 什么是 head？别问我，你应该 man head.（简而言之，读取文件的前几行）。
2. 什么是 echo？别问我，你应该 man echo.（简而言之，屏幕输出一个字符串）。
3. 什么是 tail？别问我，你应该 man tail.（简而言之，读取文件的最后几行）。

PART 3

实验3 算法与程序设计基础

一、实验目的

（1）熟悉 Idle 的使用。
（2）进行简单计算。
（3）进行复杂计算。
（4）在 Idle 中编写程序、执行程序、修改程序。
（5）学会输入数据。
（6）学会在程序中进行计算。
（7）学会输出数据。

二、实验条件要求

（1）计算机 1 台。
（2）Idle 软件。
（3）Python 的安装。如果电脑没有安装 Python，可按下列步骤下载和安装。

① 官网下载：打开浏览器，访问 http://www.python.org/，选择其中最新的 Python 版本进行下载。

② 双击下载的文件进行安装。安装后，在 Windows 的开始菜单中就能找到 Python 的命令行（command line）及 idle（Python GUI）的启动条。

三、实验基本知识点

1. Idle 的使用

Idle 是进行 Python 编程的一个软件，可在 Idle 中输入 Python 的语句立即执行，可把 Idle 当作计算器使用。使用 Idle 可以编写和修改 Python 程序，执行 Python 程序。

2. Python 基础知识

（1）数字

数字是 Python 中最常用的对象。

① 整数

十进制整数如 0、－1、9、123。

十六进制整数，需要 16 个数字 0、1、2、3、4、5、6、7、8、9、0、a、b、c、d、e、f 来表示整数，为了告诉计算机这是一个十六进制数，必须以 0x 开头，如 0x10、0xfa、0xabcdef。

八进制整数，只需要 8 个数字 0、1、2、3、4、5、6、7 来表示整数，为了告诉计算机这是一个八进制数，必须以 0o 开头，如 0o35、0o11。

二进制整数只需要 2 个数字 0、1 来表示整数，为了告诉计算机这是一个二进制数，必须以 0b 开头，如 0b101、0b100。

② 浮点数

浮点数又称小数，如 15.0、0.37、－11.2。

③ 复数

复数是由实部和虚部构成的数，如 3+4j、0.1－0.5j。

下面是复数的实验：

```
>>>a=3+4j
>>>b=5+6j
>>>c=a+b
>>>c
8+10j
>>> c.real    #复数的实部
8.0
>>> c.imag  #复数的虚部
10.0
```

说明：#起注释作用，Python 不执行#及后面的内容。

（2）字符串

用单引号或双引号括起来的符号系列称为字符串，如：'abc'、'123'、'中国'、"Python"。

空串表示为''或""，注意是一对单引号或一对双引号。

① 字符串合并

字符串合并运算符是 +，用法如下：

```
>>>'abc'+'123'
'abc123'
```

② 转义字符

计算机中存在可见字符与不可见字符。可见字符是指键盘上的字母、数字和符号。不可见字符是指换行、制表符等。不可见字符只能用转义字符来表示，可见字符也可用转义字符表示。转义字符以“\”开头，后接字符或数字，如表 3-1 所示。

表 3-1　转义字符

转义字符	说明
\'	单引号
\"	双引号

续表

转义字符	说明
\\	表示\
\a	发出系统铃声
\n	换行符
\t	纵向制表符
\v	横向制表符
\r	回车符
\f	换页符
\y	八进制数 y 代表的字符
\xy	十六进制数 y 代表的字符

③ 字符串中字符的位置

字符串中字符的位置如图 3-1 所示。每 1 个字符都有自己的位置，有两种表示方法，从左端开始用非负整数 0、1、2 等表示，从右端开始则用负整数–1、–2 等表示。

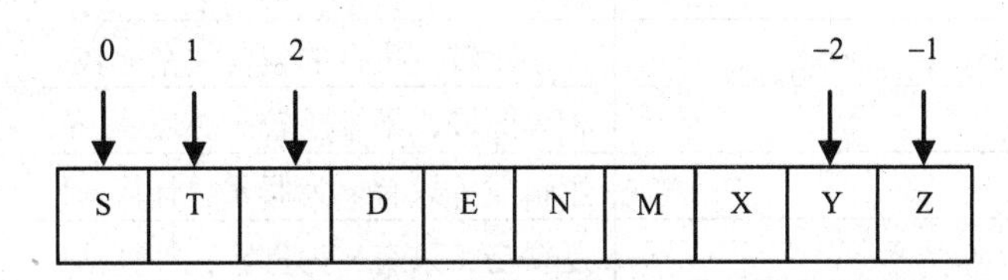

图 3-1 字符在字符串中的位置

④ 字符串的截取

截取就是取出字符串的子串。截取有两种方法：一种是索引 s[index]取出一个字符；另一种是切片 s[[start] : [end]]取出一片字符。下面进行演示。

```
>>> s='abcdef'
>>> s[0]                  #取出第 1 个字符
'a'
>>> s[-1]                 #取出最后 1 个字符
'f'
>>> s[1:3]                #取出位置为 1 到位置为 2 的字符，不包括 3
'bc'
>>> s[:3]                 #取出从头至位置为 2 的字符
'abc'
>>> s[4:]                 #取出从位置 4 开始的所有字符
'ef'
>>> s[:]                  #取出全部字符
'abcdef'
```

⑤ 字符串的比较

字符串的比较是比较对应位置上的编码，对应位置上的字符都相等，长度也相等，两个字符串才相等，比较过程中一旦不等就得到结论，演示如下。

```
>>> s1='Asc'
>>> s2='Asaa'
>>> s1>s2
```

```
True
>>> s2>s1
False
>>> s1==s2
False
>>> s1!=s2
True
>>> a1='Asa'
>>> a2='Asa0'
>>> a2>a1
True
```

（3）操作符和表达式

Python 的常用操作符如表 3-2 所示。

表 3-2 常用操作符

操作符	描述
x+y ， x−y	加法／合并 ， 减法／集合差集
x*y ， x/y ， x//y ， x%y	乘法／重复，除法，求整商，余数／格式化
x**y	幂运算
x<y ， x<=y ， x>y ， x>=y	大小比较，集合的包含关系比较
x==y ， x!=y	相等比较，不等比较
x or y	逻辑或（只有 x 为假才会计算 y）
x and y	逻辑与（只有 x 为真才会计算 y）
not x	逻辑非
x if y else z	三元选择表达式，y 为真返回 x，否则返回 z
x in y ， x not in y	成员与集合的关系
x is y ， x is not y	对象实体测试
x[i]	索引（序列、映射及其他）
x[i:j:k]	切片
x(...)	调用（函数、方法、类及其他可调用的）
(...)	元组，表达式，生成器表达式
[...]	列表
{...}	字典、集合

使用操作符的式子称为表达式。如：1+2、x>y and x>z、(x+y)*z、x+(y*z)等。

在用表达式进行运算时，要善于用小括号指定运算的顺序。

单独的对象也称为表达式，如 True、x 等。

（4）赋值

把表达式送给变量称为赋值，每一次赋值都产生一个变量，如 a=5、b=a+3。

（5）输入

用 Python 进行程序设计，输入是通过 input( )函数来实现的，imput( )函数的一般格式为：

x=input('提示：')

该函数返回输入的字符串。input( )函数的用法演示如下。

```
>>> x=input('x=')
x=abc
>>> x
'abc'
>>> y=input('y=')
y=9.5
>>> y
'9.5'
```

（6）输出

输出是通过 print( )函数来完成的，print( )函数的一般格式为：

print(输出项列表[, sep=分隔串][,end=结束串])

其中输出项列表中的各输出项之间用半角逗号分隔，“sep=分隔串”和“end=结束串”是可省略部分。“sep=分隔串”用于指定输出项之间的分隔内容，如果省略则会以一个空格分隔；“end=结束串”用于批定行末内容，如果省略则会产生换行。

print( )函数的用法演示如下。

```
>>> print(1, 2, 3)
1 2 3
>>> print(1, 2, 3, sep='')
123
>>> print(1, 2, 3, sep='-')
1-2-3
>>> print(1,2,3,end='!')
1 2 3!
```

（7）eval( )函数

eval( )函数有两个作用，一是计算字符串中的表达式，二是把字符串对象转换成非字符串对象。下面分别进行演示。

计算字符串中的表达式：

```
>>> eval('1+2/3')
1.6666666666666665
```

字符串对象转换成非字符串对象：

```
>>> li=eval('2,4')
>>> li
(2, 4)
>>> x=input('x=')
x=3.5
>>> x
'3.5'
>>> x=eval(x)
>>> x
3.5
>>> a,b=eval(input('a,b='))
a,b=2.1,3.6
>>> a
2.1
>>> b
3.6
```

（8）单分支语句

单分支语句的一般格式：

```
if 条件:
    语句组
```

当条件为 True 时就执行语句组，否则不执行语句组。下面举例说明用法：

```
a=3
c=9
if a>2:
    c=c+1
```

思考题：这段程序执行后，c 的值是多少？

（9）双分支语句

双分支语句的一般格式：

```
if 条件:
    语句组 1
else:
   语句组 2
```

当条件为 True 时就执行语句组 1，否则就执行语句组 2。下面举例说明用法：

```
a=3
c=9
if a>5:
   c=c-1
else:
   c=c+1
   a=a+1
```

思考题：这段程序执行后，变量 a、c 的值分别是多少？

（10）循环语句 while

循环语句 while 的一般格式：

```
while 条件:
    循环体
```

条件为 True 时就执行循环体，循环体执行完后又返回来判断条件；一旦条件为 False 就结束。下面举例说明用法：

```
j=1
s=0
while j<11:
s=s+j
print('s=' , s)
```

思考题：这段程序执行后，输出结果是什么？

（11）代码块的缩进

代码的层次结构是靠缩进来体现的，对齐的代码是同一个层次。如“（9）双分支语句”和（10）循环语句 while 中的例子。

（12）模块的导入

导入 1 个模块之后，就能使用模块中的函数和类。导入模块使用 import，常用的格式为：

import 模块名 1[, 模块名 2 [, ...]]

模块名就是程序文件的前缀，不含“.py”，可一次导入多个模块。导入模块之后，调用模块中的函数或类时，需要以模块名为前缀。如：

```
>>> import math
>>> math.sin(0.5)
0.479425538604203
```

四、实验步骤

1．启动 Idle

（1）从开始菜单启动 Idle，如图 3-2 所示。

（2）Idle 启动后的界面，如图 3-3 所示。

2．进行简单计算

输入一些 Python 表达式，进行计算。

其中提示符“>>>”后的表达式是用户输入的，其余的是系统输出的，如图 3-4 所示。

3．进行复杂计算

这里的复杂计算是指表达式中需要使用数学函数的计算。为了能够使用数学函数，必须输入一个语句 import math 来导入数学模块。

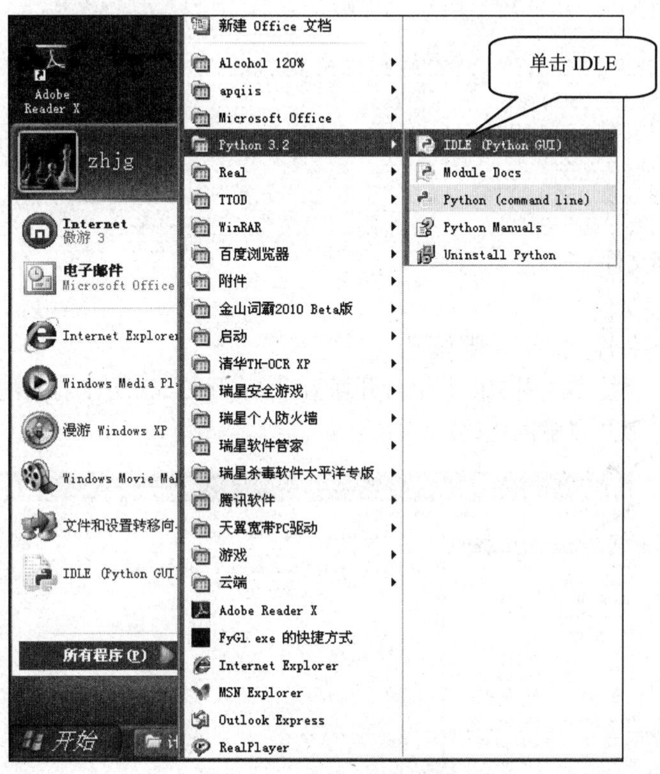

图 3-2　从开始菜单启动 Idle

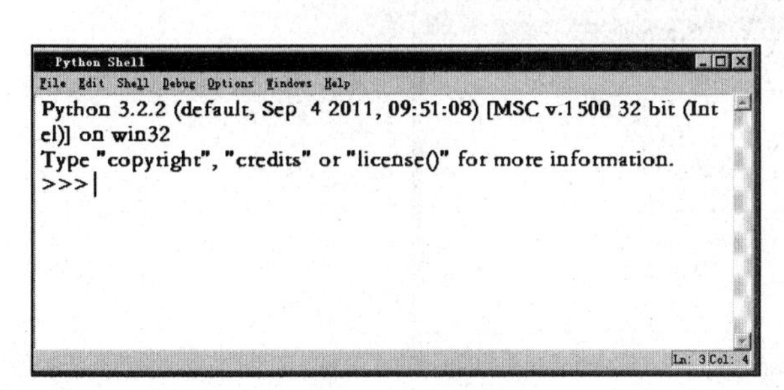

图 3-3　Idle 窗口

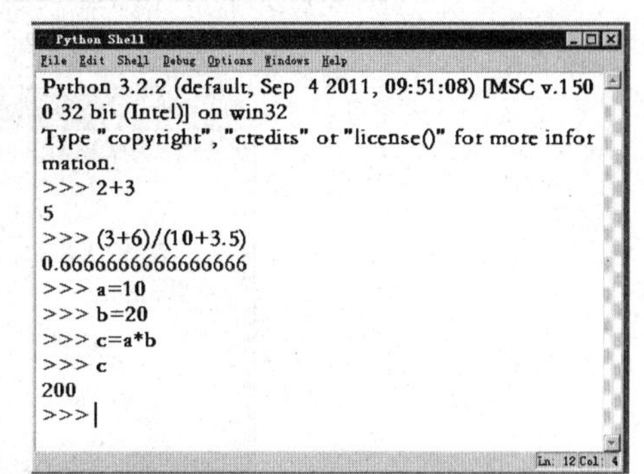

图 3-4　简单计算

输入一些 Python 表达式，进行计算。

```
>>> import  math
>>> a=9
>>> b=15
>>> sita=70
>>> c=math.sqrt(a**2+b**2-2*a*b*math.cos(70/180*3.14))
>>> c
14.611551441167332
>>> a=-2
>>> b=15.5
>>> c=7
>>> delta=b*b-4*a*c
>>> x1=(-a+math(delta))/(2*a)
>>> x1=(-a+math.sqrt(delta))/(2*a)
>>> x2=(-a+math.sqrt(delta))/(2*a)
>>> x1,x2
(-4.802978619514627, -4.802978619514627)
>>> print('x1=',x1)
x1= -4.802978619514627
>>> print('x2=',x2)
x2= -4.802978619514627
>>>
```

4．编写程序文件

（1）编写程序文件

在 idle 中编写程序文件的步骤如下。

① 按 Ctrl+N 快捷键或用 File 菜单打开新窗口，如图 3-5 所示，打开的新窗口如图 3-6 所示。有了新窗口，就可以输入代码。

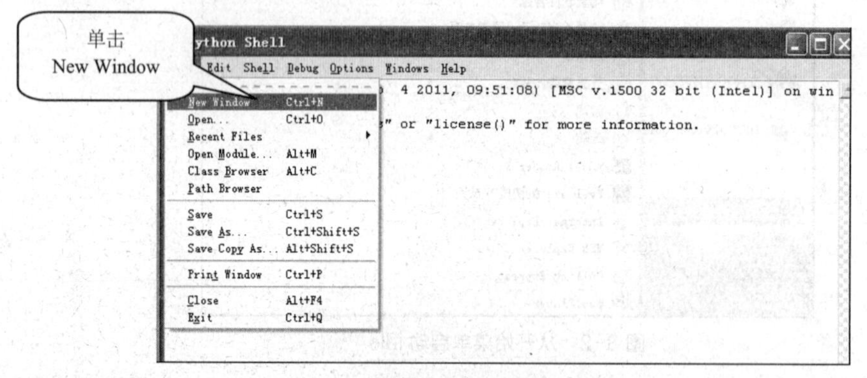

图 3-5　打开新窗口的方法

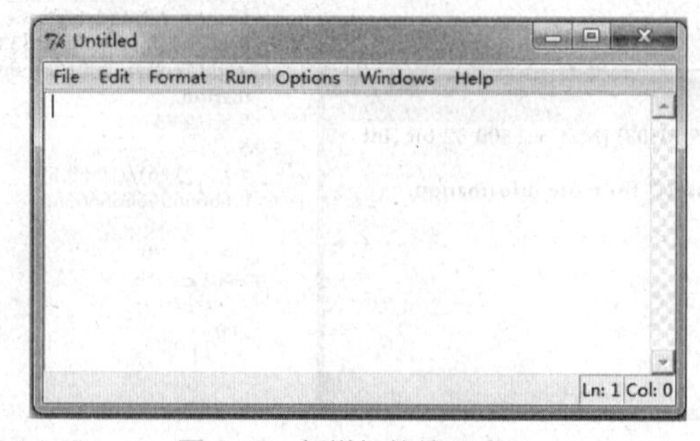

图 3-6　新增加的编程窗口

② 输入代码并存盘。在新增的窗口中输入代码，输入结束后按 Ctrl+S 快捷键存盘，或用菜单存盘。以 py 为文件名后缀。存盘后的窗口如图 3-7 所示。

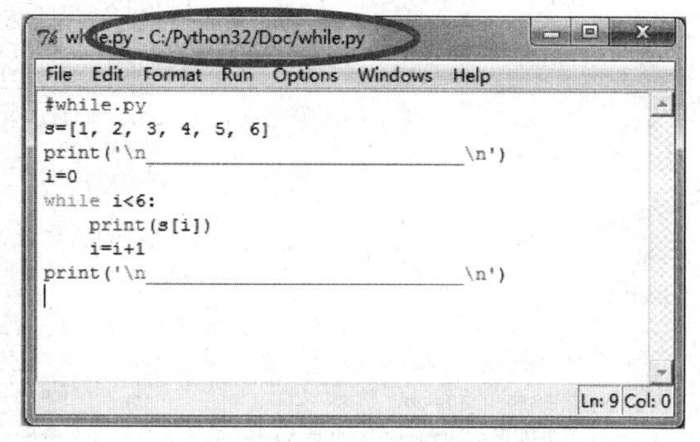

图 3-7 文件存盘后的窗口

（2）执行程序

文件存盘后，按 F5 快捷键或用 Run 菜单，就能执行程序。程序的执行结果显示在 idle 窗口 Python Shell 中，如图 3-8 所示。

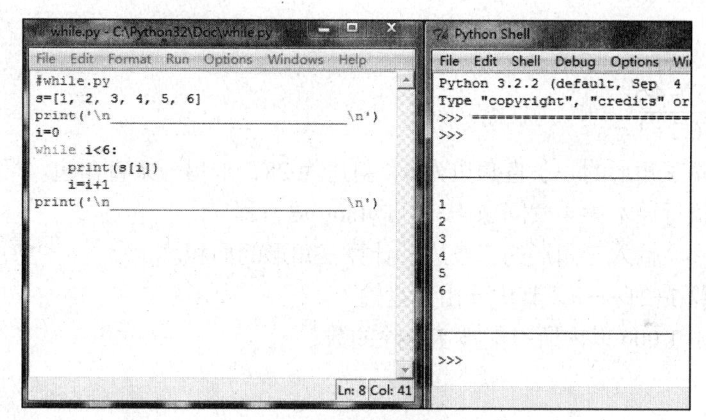

图 3-8 程序的执行

5．程序的修改

新建立的程序可进行修改，修改后可再次执行。

磁盘上的程序文件也可打开进行修改。按 Ctrl+O 快捷键或用菜单操作，如图 3-9、图 3-10 所示。

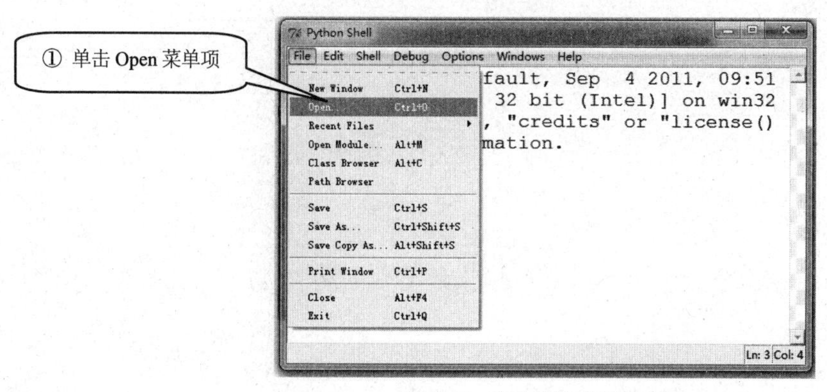

图 3-9 打开程序文件的方法

图 3-10　打开程序文件

五、思考题

1. 计算 y 的值。

$$y=\frac{6\times(3+5)-4.5}{7\times15-6.2\div3}$$

2. 已知直角三角形的一条直角边为 6，斜边为 28，求另一条直角边。
3. 输入并执行课本第 4 章问题 4-3 的 Python 语言程序。
4. 编写程序，输入三角形的三条边，计算三角形的面积。
5. 编程计算 1+2+…+n，其中 n 由键盘输入。
6. 编程输出 1 000 以内所有能被 7 整除的数。

PART 4-1 实验 4-1 电子文档制作与编排一

一、实验目的

（1）熟悉 Microsoft Word 2010 软件，掌握选项设置方法。
（2）掌握常见中英文符号的输入方法。
（3）掌握字符层次的排版方法。
（4）掌握规范表格的制作和排版方法。
（5）掌握简单的页眉页脚设置方法。

二、实验条件要求

（1）硬件：计算机。
（2）系统环境：Windows 7。
（3）软件：Microsoft Word 2010 或金山 WPS 文字软件。

三、实验基本知识点

1．Word 简介

Microsoft Office 是微软公司开发的办公自动化软件，Word、Excel 等应用软件都是 Office 中的组件。Office 2010 是办公处理软件的代表产品，可以作为办公和管理的平台，以提高使用者的工作效率和决策能力。

Word 2010 是微软公司的 Office 2010 系列办公组件之一，是目前较流行的文字编辑软件，利用它我们可以编排出精美的文档，方便地编辑和发送电子邮件，编辑和处理网页等。Word 2010 的工作窗口如图 4-1 所示。

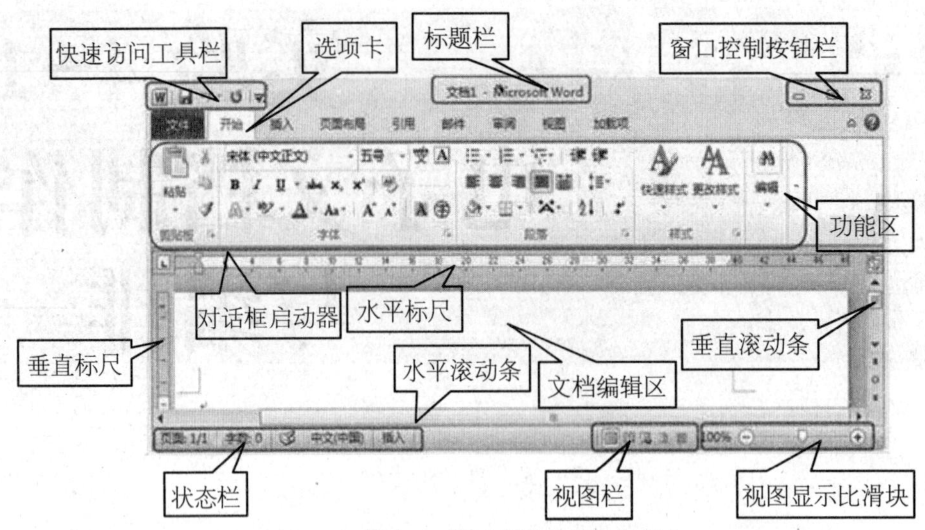

图 4-1　Word 2010 的工作窗口

快速访问工具栏：快速访问工具栏位于工作界面的顶部，用于快速执行某些操作。

标题栏：标题栏位于快速访问工具栏右侧，用于显示文档和程序的名称。

窗口控制按钮栏：窗口控制按钮位于工作界面的右上角，单击窗口控制按钮，可以最小化、最大化或关闭程序窗口。

功能区：功能区位于标题栏下方，几乎包括了 Word 2010 所有的编辑功能，单击功能区上方的选择卡，下方显示与之对应的编辑工具。

文档编辑区：文档编辑区用于文档的显示、编辑和修改，利用 Word 2010 进行文字处理时，所有的工作都在这个工作窗口中进行，主要包括新建或打开一个文档文件，输入文档的文字内容并进行编辑，利用 Word 2010 的排版功能对文档的字符、段落和页面进行排版，在文档中制作表格和插入对象，将文件预览后打印输出等。

标尺：标尺包括水平标尺和垂直标尺两种，标尺上有刻度，用于对文本位置进行定位，利用标尺可以设置页边距、字符缩进和制表位。标尺中部白色部分表示版面的实际宽度，两端浅蓝色的部分表示版面与页面四边的空白宽度。在“视图”选项卡的“显示”组中选中“标尺”复选框，可以将标尺显示在文档编辑区。

滚动条：滚动条可以对文档进行定位，文档窗口有水平滚动条和垂直滚动条，单击滚动条两端的三角按钮或用鼠标拖动滚动条可使文档上下滚动。

状态栏：状态栏位于窗口左下角，用于显示文档页数、字数及校对信息等。

视图栏和视图显示比滑块：视图栏和视图显示比滑块位于窗口右下角，用于切换视图的显示方式及调整视图的显示比例。

2．电子文档的处理过程

过程如图 4-2 所示。

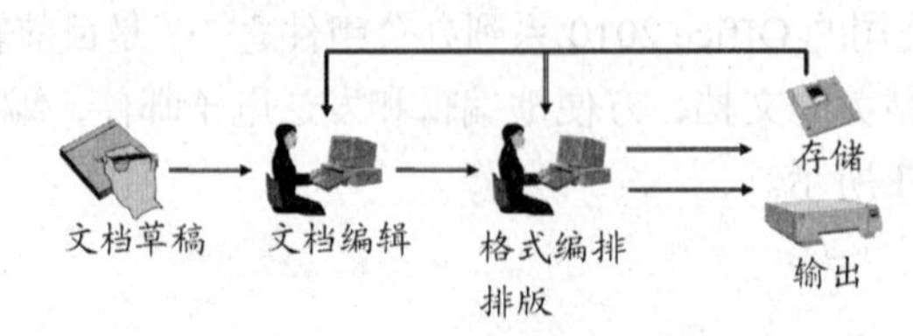

图 4-2　电子文档的处理过程

四、实验步骤

1．Word 的启动和工作界面设定

任务：建立 Word 的快捷方式，并利用该快捷方式启动 Word，观察 Word 用户界面，并观察文档窗口在不同的视图下显示的不同，设置 Word 的工作界面。

实验步骤如下。

（1）在 Windows 操作系统中单击屏幕右下角的“开始”命令→选择“所有程序”→选择“Microsoft Office”命令，选择“Microsoft Word 2010”，打开 Word 应用程序，对照图 4-1 认识 Word 工作界面。

（2）在 Word 窗口的状态栏右侧找到视图切换按钮，在“页面视图”、“阅读版式”、“Web 版式视图”、“大纲视图”、“草稿”中来回切换，观察屏幕中的工作区有什么变化。最后，将视图方式切换为页面视图，并在该视图下完成下面的其他实验。

（3）选择“文件”→“选项”命令，打开“选项”对话框，在该对话框的“显示”选项卡中找到“始终在屏幕上显示这些格式标记”，将其下的“显示所有格式标记”选中，如图 4-3 所示。

（4）选择“文件”→“选项”命令，打开“选项”对话框，在该对话框的“高级”选项卡中设置“显示此数目的‘最近使用文档’(R):”为 10 个，设置 Word 的“度量单位”为“厘米”，如图 4-3 所示。

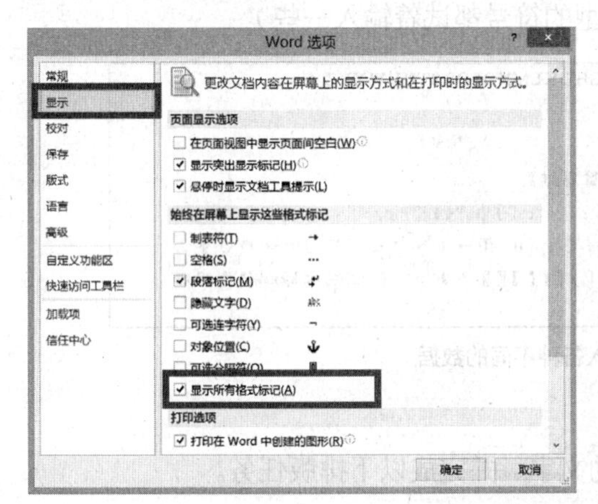

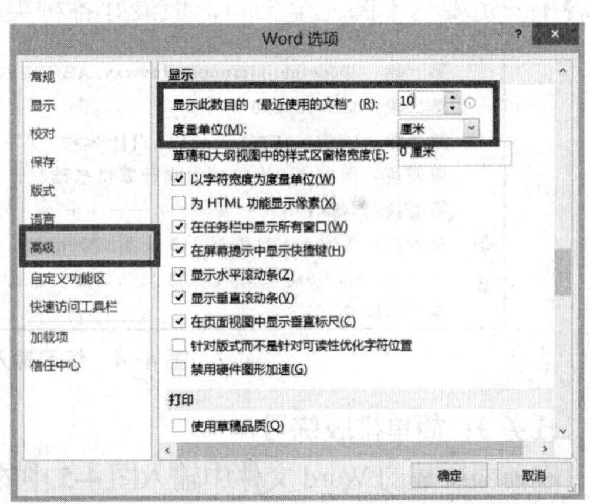

图 4-3　选项设置

（5）单击“文件”菜单下的“保存”命令，以本人的“学号姓名 4-1.docx”为文件名（如“20131101001 张三 4-1.docx”）保存在 D 盘根目录下。

小技巧：

草稿视图和页面视图的区别。

草稿视图是 Word 最基本的视图方式，其显示速度相对较快，非常适合于文字的录入阶段。用户可在该视图方式下进行文字的录入及编辑工作。在草稿视图下不显示页边距、页眉和页脚、背景、图形对象。

页面视图方式即直接按照用户设置的页面大小显示，此时的显示效果与打印效果一致，用户可从中看到各种对象（包括页眉、页脚、水印和图形等），这对于编辑页眉和页脚，调整页边距，以及处理边框、图形对象及分栏都是很有用的。

2．Word 数据输入及简单排版

在刚才建立的文档中完成以下任务。

任务 1：页面设置

单击“页面布局”菜单下“页面设置”功能区右下角的展开按钮，按以下要求对页面进行设置。

（1）纸张：A4。

（2）页边距：上下左右均为 2 厘米。纸张方向为：纵向。

（3）版式：页眉距边距 1.5 厘米，页脚距边距 1.5 厘米。

（4）文档网格：字体设置——中文字体为中文正文、西文字体为西文正文，字形为常规、字号为五号。绘图网格——水平间距：0.01 字符，垂直间距：0.01 行。指定行网格和字符网格——每行 40 个字符，每页 40 行。

任务 2：练习输入各种不同的数据

切换到英文输入法状态，在文档的第一段中输入 26 个英文小写字母、26 个英文大写字母；在文档的第二段输入 10 个阿拉伯数字；在文档的第三段中输入键盘上的西文标点符号和其他符号（见图 4-4）。

切换到中文输入法状态，在文档的第四段中输入“西南林业大学《大学计算机基础与计算思维》”；在文档的第五段中输入键盘上的中文标点符号和其他符号。

选择“插入”菜单下的“符号”命令，找到并在文档中插入图中第六段的内容（输入的内容不一定要与下图完全相同，但最好各种类型的符号都试着输入一些）。

第一段：abcdefghijklmnopqrstuvwxyzABCDEFGHIJKLMNOPQRSTUVWXYZ

第二段：1234567890

第三段：!@#$%^&*()_+-=[]\;',./{}|:"<>?

第四段：西南林业大学《大学计算机基础与计算思维》

第五段：！@#￥%……&×（）——+－＝〔〕、；‘，。、{}|：“〈〉？

第六段：§©®±ΔΣΦΩαβγδεζηθ‰※℃ⅠⅡⅢ→↓↖↗∈∏Σ√∝∞∩∪∮∴∵∷≈≠≤≥⊙①②③⑴⑵⑶1. 2. 3.■□▲△「」『』【】〖〗ぁあぃい㈠㈡㈢㎎㎏㎜佲傦咓嘣嘣㤘愓搁搣

图 4-4　练习输入各种不同的数据

任务 3：简单排版练习

在前面所建的 Word 文件中输入图 4-5 中的文字、并完成以下排版任务。

排版完成后的效果如图 4-5 所示。

*白昼过去是黑夜，黑夜过去是白昼，*这是宇宙运行的法则。听来这只是一个普普通通的常识，但是，如果将这个道理当作人生的规律或者当作经营管理的规律来思考的话，它就显得耐人寻味了。

比方说，把白昼当作幸福，把黑夜当作不幸，那么，我们就可以清楚地认识到幸福与不幸只是人生的一种普遍遭遇；或者说，明暗顺逆的变化正是我们自己整个人生的写照，这正是生存的意义。但是不幸也并非就是幸福的挽歌，苦尽甘来，因而它其实往往就是幸福的序曲，就犹如黑夜的尽头就是早晨一样。这么一想，不幸也就不可怕了。

图 4-5　任务 3 排版效果图

- 字体设置：请自行判断下面的文字使用的是宋体还是楷体或是黑体，然后进行设置。选择“白昼过去是黑夜，黑夜过去是白昼”，在“开始”菜单下“字体”功能区找到合适的工具设置其加粗、倾斜、加上红色波浪下划线。
- 段落缩进设置：选择下面的两段文字，单击“开始”菜单下“段落”功能区右下角的展开按钮，在弹出的对话框中设置其左、右缩进均为 4 字符，首行缩进为 2 字符，如图 4-6 所示。

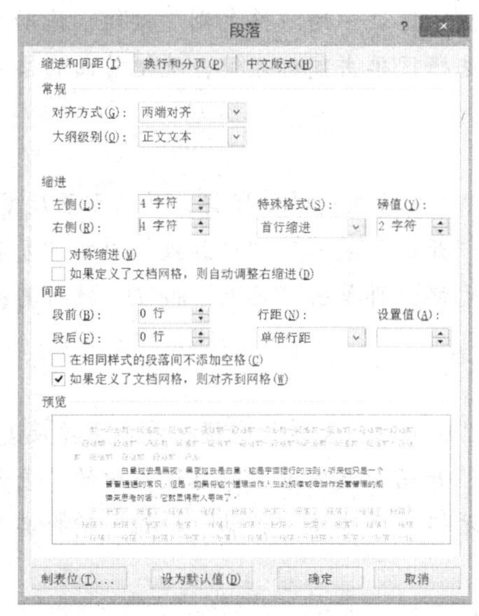

图 4-6　段落缩进设置

- 段落边框设置：选择两段文字，单击“开始”菜单下“段落”功能区“边框”按钮旁的下三角，选择其中的“边框和底纹”命令，设置边框为“方框”，线型为“粗细双线”，宽度为“3 磅”，应用于“段落”，如图 4-7 所示。
- 单击“插入”菜单下的“图片”命令，选择插入一张图片（图片不一定要和下图相同）。选择图片，调整其大小，将图片拖曳到中间合适位置，用鼠标选中图片，选择“格式”菜单下“排列”功能区的“位置”命令，设置文字与图片的环绕方式为“中间居中，四周型文字环绕”。

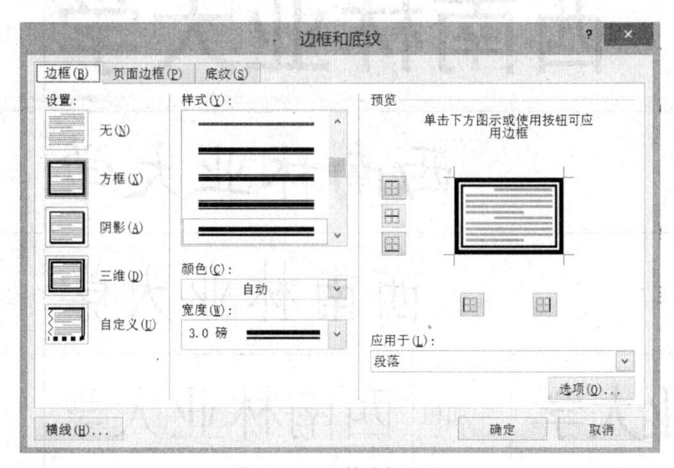

图 4-7　段落边框设置

任务 4：字符排版

在上面所建的文件中插入一个分页符（"插入"→"页"→"分页"），另起一页，做出表 4-1 的"文字排版效果"表，该表的第一列为设置后的效果，第二列和第三列为其字号、字体。

注意：

插入分页符后，如果发现新的一页的段落带边框、段落的左右缩进为 4——即继承了前面一页段落的格式，请选中作业最前面的某一段所有内容（没有设置边框和段落缩进的地方），单击"开始"菜单下"剪贴板"区域中的"格式刷"按钮，拖动垂直滚动条到最后一页，在带边框的空段落左边的文本选择区单击鼠标左键，就把前面的格式复制了过来，取消了边框和段落缩进设置。

小技巧：

在表 4-1 中多处出现了"西南林业大学"字样，并不需要反复输入或一个一个复制粘贴，可以输入一次，选择后单击"开始"菜单下"剪贴板"中的"复制"按钮，将其粘贴到剪贴板，然后选择下面的多个单元格，再单击"粘贴"按钮，就将其复制了多份分别放入这些单元格中。

提醒：

在表 4-1 中多处出现了"西南林业大学"字样，并不需要反复输入或一个一个复制粘贴，可以输入一次，选择后单击"开始"菜单下"剪贴板"中的"复制"按钮，将其粘贴到剪贴板，然后选择下面的多个单元格，再选择"粘贴"按钮，就将其复制了多份分别放入这些单元格中。

表 4-1　字符排版效果

<table>
<tr><th colspan="3">样例</th><th>西文
字号</th><th>字体
中文字号</th></tr>
<tr><td colspan="3">西南林业大学</td><td>42</td><td>初号
宋体</td></tr>
<tr><td colspan="3">西南林业大学</td><td>36</td><td>小初
黑体</td></tr>
<tr><td colspan="3">西南林业大学</td><td>26</td><td>一号
楷体</td></tr>
<tr><td colspan="3">西南林业大学</td><td>24</td><td>小一
仿宋</td></tr>
<tr><td>西南林业大学</td><td>加粗</td><td>西南林业大学</td><td>22</td><td>二号</td></tr>
</table>

续表

样例					西文字号	字体中文字号
西南林业大学	倾斜			西南林业大学	18	小二
西南林业大学	加粗倾斜			西南林业大学	16	三号
西 南 林 业 大 学	增加间距			西南林业大学	15	小三
西南林业大学	缩小间距			西南林业大学	14	四号
西南林业大学^{上标}	上标			西南林业大学	12	小四
西南林业大学$_{\text{下标}}$	下标			西南林业大学	11	
西南林业大学	加方框			西南林业大学	10.5	五号
西南林业大学	加波浪边框			西南林业大学	10	
西南林业大学	加阴影边框及 15%底纹			西南林业大学	9.5	
西南林业大学	加直下划线			西南林业大学	9	小五
~~西南林业大学~~	加波浪下划线及删除线			西南林业大学	8.5	
西南林业大学	灰-50%	西南林业大学	灰-25%	西南林业大学	8	
西南林业大学	深红	西南林业大学	红色	西南林业大学	7.5	六号
西南林业大学	深黄	西南林业大学	黄色	西南林业大学	7	
西南林业大学	绿色	西南林业大学	鲜绿	西南林业大学	6.5	小六
西南林业大学	青色	西南林业大学	蓝绿	西南林业大学	6	
西南林业大学	深蓝	西南林业大学	蓝色	西南林业大学	5.5	七号
西南林业大学	紫色	西南林业大学	粉红	西南林业大学	5	八号

3．规范表格制作

按照下列格式要求制作表格并排版。

（1）插入表格：在“插入”菜单下选择“表格”→“插入表格”，设置行、列数均为 6，单击“确定”按钮，插入一个方阵形表格。

（2）标题行：在表格上方空行中输入标题“计科系某班成绩统计表”，设置其格式为：黑体、小三号、段落居中。

小技巧：

如果在一个文档的第一行中先插入了表格又想在其前面添加文字（如标题行），可将光标定位在表格的第一行，选择“表格”菜单中的“拆分表格”命令即可在其前面拆分出一个空行来。

（3）斜线表头：选择表格，自动打开“设计”菜单，选择“绘图边框“中的”绘制表格”命令，在表格中第一行的第一个单元格的左上角划一条线至右下角，再单击“绘制表格”命令取消绘制状态。将光标定位在该单元格中，输入“课程”后按 Enter 键，在下一行中输入“姓名”，设置第一行的水平对齐方式为“右对齐”，完成斜线表头的制作。

（4）表格内容输入：参照下图在表格中输入所有内容（表格最后两列、最后一行的内容可用公式计算，也可直接填入）。选择第一行（即表头行），在“开始”菜单下设置其字体为“黑体”、“五号”，除斜线表头所在格子外，第一行的其他行设置为“中部居中”（在“布局”菜单下的“对齐方式”功能区中）。选择除第一行外的其他行，设置其格式为：“宋体”、“五号”、“中部居中”。

（5）表格格式：将鼠标定位在表格中，选择“布局”菜单下的“选择”→“选择表格”命令，再选择“布局”菜单下的“单元格大小”功能区右下角的展开按钮，设置列宽为 2cm、行高为默认值，确定后再选择“开始”菜单下的“段落”功能区的“居中”命令，使得整个表格在页面中间位置。

小技巧：

选择表格内容后单击段落“居中”，设置的是文字在单元格中水平居中，选择整个表格后单击段落“居中”则是设置表格在页面中居中。判断选择的表格的内容还是整个单元格，可以看表格右外侧的回车符是否被选中，选中了回车符就代表选中了整个表格。

（6）表格线：在“设计”菜单“绘图边框”功能区中表设置表格线型为“双线”，粗细为“1.5 磅”，选中整个表格，单击“表格样式”功能区中“边框”下的“外侧框线”，将表格外围线条设置为刚才设好的线型和粗细；再设置线型为单直线、粗细为 2.25 磅，单击“绘图边框”功能区中的“绘制表格”按钮，用鼠标重画“总分”前的一列竖线和“最高分”上的一行横线，将其设置为新的粗线线型。

（7）表格底纹：选中表格最后一行，在“设计”菜单下“表格样式”功能区找到“底纹”，设置“主题颜色”为“白色，背景 1，深色 - 25%”。

以上排版操作完成后的效果如表 4-2 所示。

表 4-2　计科系某班成绩统计表

课程 姓名	数学	英语	程序设计	总分	平均分
张三	81	54	62	197	65.67
李四	75	69	85	229	76.33
王五	92	83	76	251	83.67
马六	68	66	98	232	77.33
最高分	92	83	98	251	83.67

4. 页眉页脚设置

在上面完成的作业文档中，切换到“插入”菜单，在“页眉和页脚”功能区中选择“页眉”下的“编辑页眉”，进入页眉页脚设置状态，做如下的设置。

页眉：左边顶格为“《大学计算机基础与计算思维》”，五号华文行楷；右边顶格为“上机作业”，五号隶书，两部分文字间可以用空格或Tab键插入空白部分来填充。

页脚：将鼠标定位到页脚位置，选择“页眉和页脚”功能区的“页码”，在页面底部居中位置插入页码，再选择“设置页码格式”命令，选择“编号格式”为两边带一字线的页码，最后切换到“开始”菜单中设置其字体格式为小五号英文标准字体（“Times New Roman”）。

其他：

以上作业按要求的名称保存后上交到任课教师指定的位置。

PART 4-2 实验 4-2 电子文档制作与编排二

一、实验目的

（1）熟悉并比较 Microsoft Word 2010 和金山 WPS 文字 2013 软件。

（2）在 Word 2010 中完成段落排版、常见对象排版等较复杂的文字编排练习。

（3）使用内建样式和自定义样式编排出指定格式要求的文档。

二、实验条件要求

（1）硬件：计算机。

（2）系统环境：Windows7。

（3）软件：Microsoft Word 2010 或金山 WPS 文字 2013。

如果学生计算机上没有安装金山 WPS 文字 2013，可以进入金山 Office 官方网站（http://www.wps.cn/）或在本书前言中列出的教学资源下载网站中下载。

三、实验基本知识点

WPS 简介

WPS Office 是金山公司开发的一款办公软件，包括 WPS 文字、WPS 表格、WPS 演示等应用软件，其版本有 WPS 2003、WPS 2007、WPS 2009、WPS 2010、WPS 2012、WPS 2013 等。

WPS Office 2013 是一款开放、高效的套装办公软件，其强大的图文混排功能、优化的引擎和强大的数据处理功能完全符合现代化中文办公的要求。WPS Office 2013 主要包括 WPS 文字、WPS 表格、WPS 演示 3 大模块，效果同 Microsoft Office 非常接近。

1．WPS Office 与 MS Office 的对应关系

WPS Office 2013 中的 WPS 文字、WPS 表格和 WPS 演示实现的功能分别与 MS Office 2010 中的 Word、Excel、PowerPoint 相同，其对应关系如图 4-8 所示。

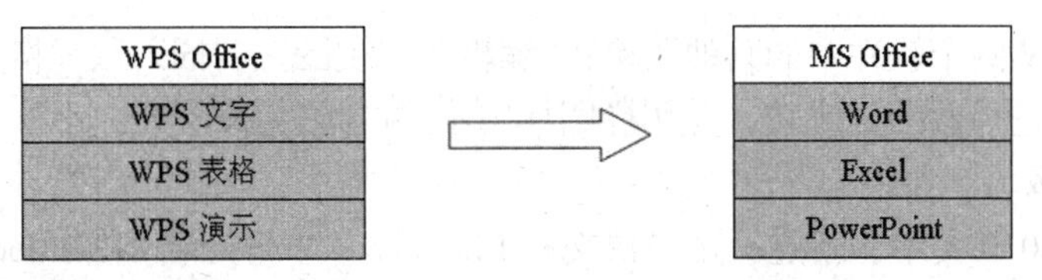

图 4-8 WPS Office 与 MS Office 的对应关系

2. WPS 文字的工作界面

WPS 文字 2013 的工作窗口如图 4-9 所示，与 Word 2010 的工作窗口相似，主要包括标题栏、菜单栏（选项卡）、功能区、标尺、状态栏和文档窗口等。

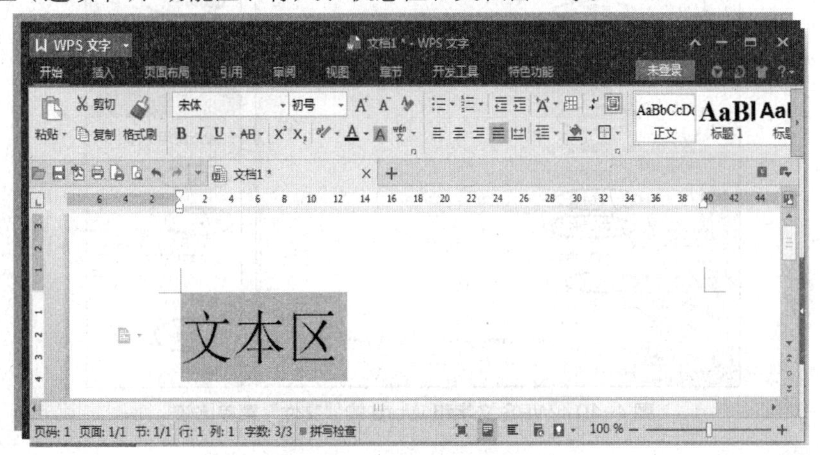

图 4-9 WPS 文字的工作窗口

四、实验步骤

1. 熟悉 WPS 文字处理软件

任务 1：启动 WPS 文字 2013，新建一个文档

在 D 盘下建立以自己的学号和姓名命名的文件夹（如“20131101001 张三 4-2”）。启动 WPS 文字，新建一个空白文档，单击“文件”菜单下的“保存”命令，以“学号姓名 4-2-1.doc”的名字（如“20131101001 张三 4-2-1.doc”）保存在刚才建立的自己的文件夹中，在该文档中完成下面的任务。

任务 2：比较 WPS 和 Word 的工作环境

启动 Word 2010，逐一打开并比较其各菜单与 WPS 2013 各菜单的异同，并将菜单（如“开始”“插入”“页面布局”……）的下拉菜单打开并截图，将截图放在任务 1 所建立的文件中。

- 截图方法：按键盘上控制键区域中的“Print Screen”键就可以将整个屏幕的内容复制到剪贴板中，将光标定位回 WPS 文档中，选择“编辑”菜单上的“粘贴”命令就可以将图像贴进来。
- 对图像进行简单编辑：选择图片，会出现图片编辑工具栏，选择“裁剪”工具将周边多余的区域剪掉；拖动图片四角的小黑点（调整点）可以放大缩小图片。
- 选择绘图工具栏上的“椭圆”，并设置线条颜色为红色、填充颜色为无色，用这些红色椭圆标示出 Word 和 WPS 文字相同菜单的不同之处。

WPS 文字和 Word 的“文件”菜单的比较情况如图 4-10 所示。

仿照上例，从两个软件中的其他菜单："编辑"、"视图"、"插入"、"格式"、"工具"、"表格"中选择两组进行截图、比较，并用椭圆标出不同的地方。

2．段落排版

启动 Word 2010 文字，新建一个空白文档 FF0C 以"学号姓名 4-2-2.docx"的名字保存在刚才建立的文件夹中，在该文档中完成下面的任务。

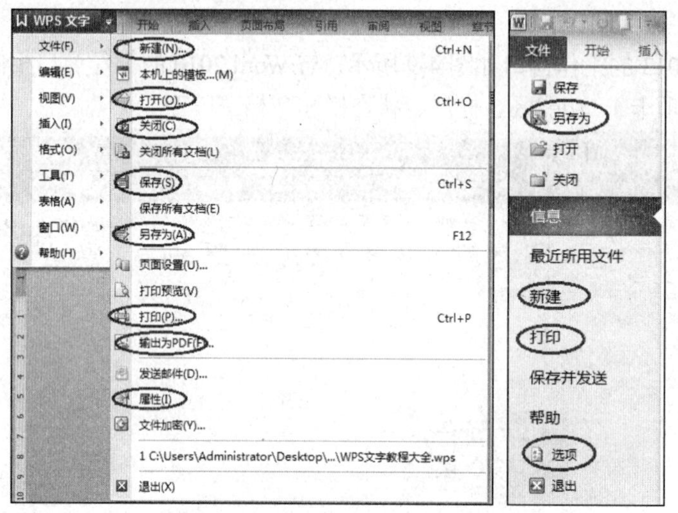

图 4-10　WPS 文字和 Word 的"文件"菜单比较

注意：

在本书的前言中列出了该书对应网络资源地址，如果自己制作下面的表格有困难，可以在网上下载"素材-段落排版.docx"文件，将其中未进行过排版的表格复制到你的作业中直接进行排版。

任务 1：段落水平对齐方式

将下面的文字复制到作业文档中，分别使用 5 种段落对齐方式，达到下面的排版效果。注意观察和比较 5 种对齐方式各自的效果特点及适用场合，如图 4-11 所示。

Miss Bingley, however, was incapable of disappointing Mr. Darcy in any thing, and persevered therefore in requiring an explanation of his two motives.	Miss Bingley, however, was incapable of disappointing Mr. Darcy in any thing, and persevered therefore in requiring an explanation of his two motives.	第一章前言 ××××××× ××××××× ×××。 第二章网络 ××××××× ××××××× ×××。	商品名 ×× ××× ××× ×× ×××	单价 189.00 2399.50 1999.99 99.99 398.00	林　学　院 计算机与信息学院 交通与机械学院 人 文 学 院 经济管理学院 理　学　院 外 国 语 学 院
a. 两端对齐	b. 左对齐	c. 标题居中对齐	d. 单价右对齐		e. 分散对齐

图 4-11　分别使用五种段落对齐方式的效果

任务 2：段落文字垂直对齐方式

输入以下文字，设置为不同的字号，选中每行文字，加下划线，在"格式"→"段落"→

"中文版式"选项卡中设置"文本对齐方式"分别为"顶端对齐"、"居中对齐"和"底端对齐"。注意观察和比较几种垂直对齐方式各自的效果特点，如图 4-12 所示。

顶端对齐顶端对齐顶端对齐顶端对齐顶端对齐

居中对齐居中对齐居中对齐居中对齐居中对齐

底端对齐底端对齐底端对齐底端对齐底端对齐

图 4-12 段落文字垂直对齐方式

任务 3：行距、段间距设置

将下面的文字复制到作业文档中，并分别按其下的要求在"段落"格式中设置其行距、段间距。注意观察和比较不同间距的效果，如图 4-13 所示。

段落中一行的底部与上一行的底部之间的距离称为行距，两行间的空白距离（行间距）可以由行距来调整。 上一段落的结束行与下一段落的起始行之间的空白处称为段间距。	段 落 中 一 行 的 底 部 与 上 一 行 的 底 部 之 间 的 距 离 称 为 行 距 ， 两 行 间 的 空 白 距 离 （ 行 间 距 ） 可 以 由 行 距 来 调 整 。 上 一 段 落 的 结 束 行 与 下 一 段 落 的 起 始 行 之 间 的 空 白 处 称 为 段 间 距 。	段落中一行的底部与上一行的底部之间的距离称为行距，两行间的空白距离（行间距）可以由行距来调整。 上一段落的结束行与下一段落的起始行之间的空白处称为段间距。
a. 单倍行距、段前段后空 0 行	b. 字间距加宽 1 磅、1.5 倍行距 段前 0.5 行，段后 0.5 行	c. 行距固定为 20 磅

图 4-13 行距、段间距设置

任务 4：编号和项目符号

按下例输入文字，使用"开始/段落"中的"项目符号和编号"命令 ☰ ▾ ☰ ▾ 分别为其设置下面样式的编号和项目符号，如图 4-14 所示。

1. 前言 2. 研究现状与目标 2.1 国际研究现状 2.2 国内研究现状 2.3 研究目标 3. 研究内容 4. 研究方法 4.1 理论研究 4.2 开发 4.3 推广	◆ 前言 ◆ 研究现状与目标 ● 国际研究现状 ● 国内研究现状 ● 研究目标 ◆ 研究内容 ◆ 研究方法 ● 理论研究 ● 开发 ● 推广	iPad 配置表： 屏幕：1024×768 的 9.7 寸 LED 背光屏幕 处理器：苹果 1GHz A4 系统集成(System on a Chip)处理器 存储：16/32/64 GB 闪存 网络：802.11n, Bluetooth 2.1 + EDR
a. 数字编号	b. 项目符号	c. 不同的项目符号

图 4-14 编号和项目符号

3．常见对象排版

启动 Word 2010 文字，新建一个空白文档，以“学号姓名 4-2-3.docx”的名字保存在刚才建立的自己的文件夹中。在该文档中完成下面的任务。

任务 1：制作插图

综合运用“插入/插图/形状”中的选项绘制以下流程图。注意使用**“基本形状”“线条”“箭头”“流程图”**等工具及**“组合”**功能，如图 4-15 所示。

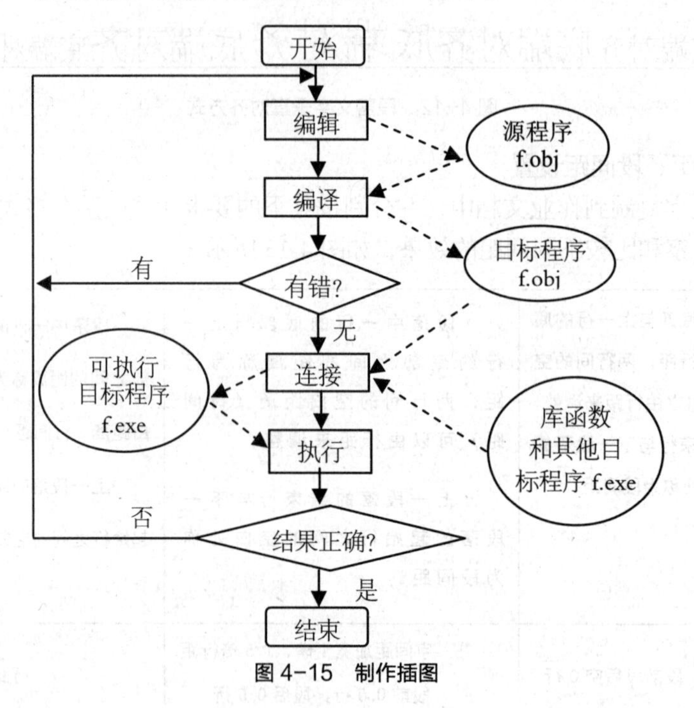

图 4-15　制作插图

任务 2：分栏排版

输入下面的三段文字，对第二段进行分栏排版：栏数为 2、栏宽相等、加分隔线。

一个人和一只猩猩坐下来一起吃饭。天气冷，这个人先对手指哈点气，暖和暖和，然后再拿刀子。“你干吗这样？”猩猩问。“我的手冷，”那人回答，“哈点气叫手指头暖和暖和。”

不久吃的东西端来了：两盘热气腾腾的炖肉和蔬菜。那个人俯身吹吹肉。“你现在又干吗这样？”猩猩问，“吃的东西已经很热了。”“吃的东西太热了，”那个人说，“我吹吹，把它弄凉点儿。”

猩猩站起来。“我不在这儿待下去了，”他说，“一个人用同一张嘴又把东西哈热又把东西吹凉，这是什么人呀？”

任务 3：用“插入/符号/公式”制作以下公式

（1）字上加横线：$\overline{A}$、$\overline{\overline{AB}}$。

提示：

使用“底线和顶线模板”，双横线需套用该模板两次。

（2）双重下标：C_{Z_a}。

提示：

套用下标模板两次。

（3）数学公式：$\int_{-1}^{1} 3x+7$　　$\sqrt[2]{3m-2}$　　$\frac{3}{14}$　　$\begin{matrix} Ax & By \\ C & D \end{matrix}$

$$\begin{cases} \frac{|x^2-1|}{x-1}, & x \neq 1 \\ 2, & x=1 \end{cases} \qquad \int_a^b f(x)\mathrm{d}x = \frac{b-a}{n}\sum_{j=0}^{n}(\int_0^n \prod_{\substack{i=0 \\ j\neq i}}^{n} \frac{t-i}{j-i}\mathrm{d}t) f_j$$

提示：

第四个公式使用的模板为矩阵模板，第五个公式中的大括号要使用围栏模板中的“左大括号”模板，不能直接用键盘输入大括号。

4．使用 Word 的内建样式和自定义样式排版

启动 Word 2010，新建一个空白文档，以“学号姓名 4-2-4.docx”的名字保存在刚才建立的自己的文件夹中。在该文档中完成下面的任务。

（1）将以下文本复制到上面所建的文件中，如图 4-16 所示。

劳动合同

一、劳动合同期限

自_______年______月______日起至_______年______月_____日止，其中试用期自_______年_____月_____日起至_______年_____月_____日止。

二、工作内容及工作地点

（一）乙方根据甲方要求，经过协商，从事_____________工作。甲方可根据工作需要和对乙方业绩的考核结果，按照合理诚信原则，变动乙方的工作岗位，乙方服从甲方的安排。

（二）甲方安排乙方所从事的工作内容及要求，应当符合甲方依法制订的并已公示的规章制度。乙方应当按照甲方安排的工作内容及要求履行劳动义务，按时完成规定的工作数量，达到规定的质量要求。

三、工作时间和休息休假

甲方实行每天______小时工作制。具体作息时间，甲方安排如下：

每周周______至周______工作，上午_______，下午_________。

每周周______为休息日。

四、劳动报酬

甲方应当每月至少一次以货币形式支付乙方工资，不得克扣或者无故拖欠乙方的工资。乙方在法定工作时间内提供了正常劳动，甲方向乙方支付的工资不得低于当地最低工资标准。

（一）甲方承诺每月______日为发薪日。

（二）乙方在试用期内的工资为每月______元。

（三）乙方的试用期结束后的工资报酬按照甲方依法制定的规章制度中的内部工资分配办法确定，根据乙方的工作岗位确定其每月工资为______元。

五、劳动纪律

甲方制定的劳动纪律应当符合法律、法规、政策的规定，履行民主程序，并向乙方公示。乙方遵照执行。

甲方法定代表人签名：乙方签名：

公章

签名日期：

签章日期：

图 4–16　合同文本

（2）使用内建样式：单击“开始/样式/右下角箭头”打开样式对话框，选择标题“劳动合同”，设置为“标题 1”样式并选择段落“居中”。

（3）使用内建样式：用相同方法选择其中的 5 个大标题：“一、劳动合同期限”、“二、工作内容及工作地点”……，设置为“标题 2”样式。

（4）建立新样式：选择正文的第二段，即“自_______年______月______日起至_______年______月______日止……”，设置为：宋体、小四号、首行缩进 2 字符、行距为 1.5 倍。完成设置后，选定这一段，单击“开始/样式/右下角箭头”打开样式对话框，选中左下角“新建样式”按钮，在弹出的“新建样式”对话框中输入“名称”为“合同正文”，单击“确定”按钮退出。

（5）应用自建的新样式：选择文中所有正文部分，设置为“合同正文”样式。

（6）签章部分排版：黑体，四号（效果见图 4-17）。

以上排版操作的结果如下。

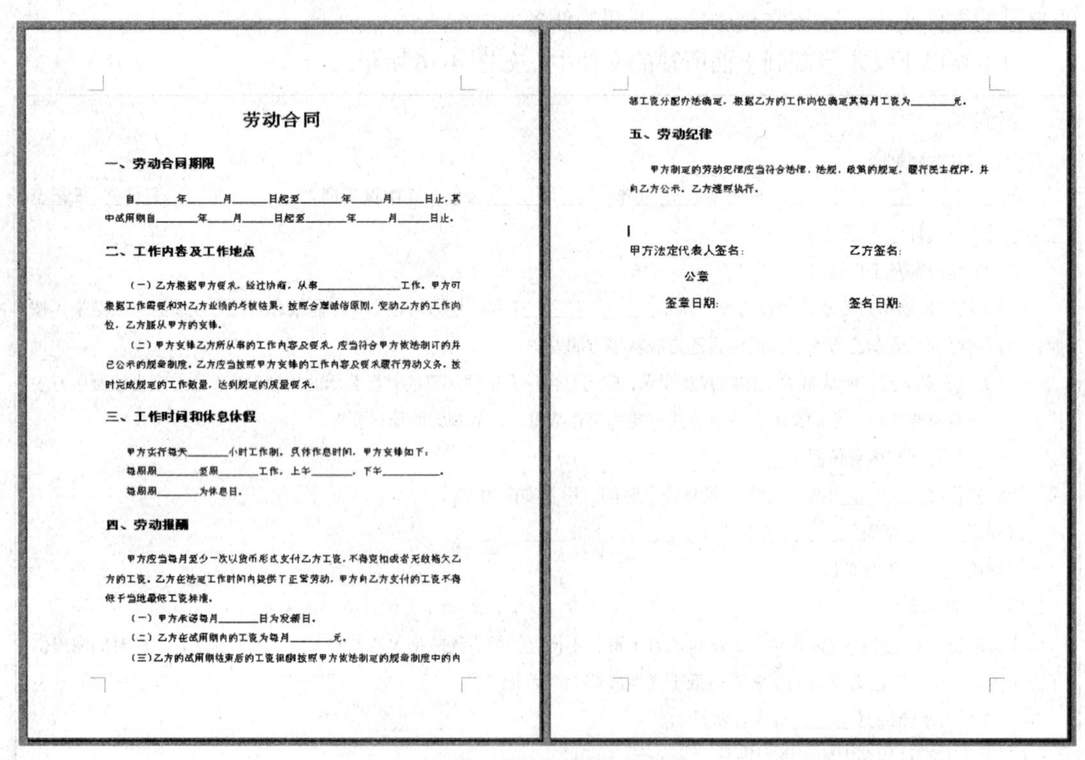

劳动合同

一、劳动合同期限

自______年______月______日起至______年______月______日止，其中试用期自______年______月______日起至______年______月______日止。

二、工作内容及工作地点

（一）乙方根据甲方要求，经过协商，从事__________工作。甲方可根据工作需要和对乙方业绩的考核结果，按照合理诚信原则，变动乙方的工作岗位，乙方服从甲方的安排。

（二）甲方安排乙方所从事的工作内容及要求，应当符合甲方依法制订的并已公示的规章制度。乙方应当按照甲方安排的工作内容及要求履行劳动义务，按时完成规定的工作数量，达到规定的质量要求。

三、工作时间和休息休假

甲方实行每天______小时工作制。具体作息时间，甲方安排如下：

每周周______至周______工作，上午______，下午______。

每周周______为休息日。

四、劳动报酬

甲方应当每月至少一次以货币形式支付乙方工资，不得克扣或者无故拖欠乙方的工资。乙方在法定工作时间内提供了正常劳动，甲方向乙方支付的工资不得低于当地最低工资标准。

（一）甲方承诺每月______日为发薪日。

（二）乙方在试用期内的工资为每月______元。

（三）乙方的试用期结束后的工资报酬按照甲方依法制定的规章制度中的内部工资分配办法确定，根据乙方的工作岗位确定其每月工资为______元。

五、劳动纪律

甲方制定的劳动纪律应当符合法律、法规、政策的规定，履行民主程序，并向乙方公示，乙方遵照执行。

甲方法定代表人签名：　　　　乙方签名：

公章

签章日期：　　　　签名日期：

图 4-17　签章部分排版效果图

五、课后作业

启动 Word 2010，新建一个空白文档，以“学号姓名 4-2-5.docx”的名字保存在自己的文件夹中。在该文档中完成下面的任务。

任务 1：仿照下例制作自己本学期的课程表，如图 4-18 所示。

2012—2013 学年第 1 学期课程表

（姓名：张三）

节数 \ 星期		星期一	星期二	星期三	星期四	星期五
上午	1、2 节（8:00~9:50）	数应 2（B104）		汇编（B604）	数应 1（B106）	数据结构（B206）
	3、4 节（10:10~12:00）					
下午	5、6 节（1:00~2:50）		数据结构（上机）双	汇编（上机）单 数应 1（上机）双		数应 2（上机）
	7、8 节（3:10~5:00）	数据结构（B206）单	数据结构（上机）双			数应 2（上机）
晚上	9、10 节（6:00~7:50）	排版（A218）		排版（D216-1）		
	11、12 节（8:10~10:00）			汇编（电 03 上机）双		

备注：《数据结构》：1~16 周　　《排版》：1~8 周

《数应》：1~16 周　　《汇编》：1~16 周

图 4-18　课程表

任务 2：仿照下例制作自己的名片，如图 4-19 所示。

图 4-19　名片

其他：

以上作业按要求的名称保存后上交到任课教师指定的位置。

PART 4-3 实验 4-3 电子文档制作与编排三

一、实验目的

（1）熟悉内建样式的使用、自定义样式的设置方法。

（2）了解科技论文排版规范、公文排版规范，熟悉毕业论文排版规范和排版方法。

（3）完成一篇科技论文的排版。

（4）完成一篇毕业论文的排版。

（5）熟悉邮件合并方法，了解邀请函的排版规范和排版方法，完成一篇邀请函的排版。

二、实验条件要求

（1）硬件：计算机。

（2）系统环境：Windows 7。

（3）软件：Microsoft Word 2010 或金山 WPS 文字 2013。

三、实验基本知识点

见教材。

四、实验步骤

1．学术期刊排版

请在本书指定网址打开“大基实验 4-3-素材-学术期刊.docx”，以“学号姓名 4-3-1.docx”的名字另存，并按下图的排版要求对科技论文的各部分进行排版。

（1）页面设置为：16 开纸，上下左右页边距均为 2cm，页眉页脚位置为 1.5cm。

（2）在页眉左边添加：“2011 年 1 月”，右边添加“中国大学教育”，小五号宋体。

（3）按下图要求的格式对标题、作者姓名、单位、摘要进行排版。

（4）选中正文所有内容，按下图要求的正文格式排版：小 5 号，宋体，段前段后空 0.5 行，单倍行距。

（5）选中正文中各级标题，按下图中要求的格式排版。

（6）对参考文献标题和参考文献列表按图 4-20 要求进行排版。

（7）选中正文到参考文献部分，分两栏排版。

（8）对文中图片大小进行调整，图题按图 4-20 要求进行排版。

（9）选中总标题，选择“插入”→“引用”→“脚注和尾注”，选择“尾注”，位置为“文档结尾”，在“自定义标记”中输入“*”，单击“确定”按钮，在文档末尾出现了尾注插入提示，将作者简介复制进去并按以下要求进行排版，如图 4-20 所示。

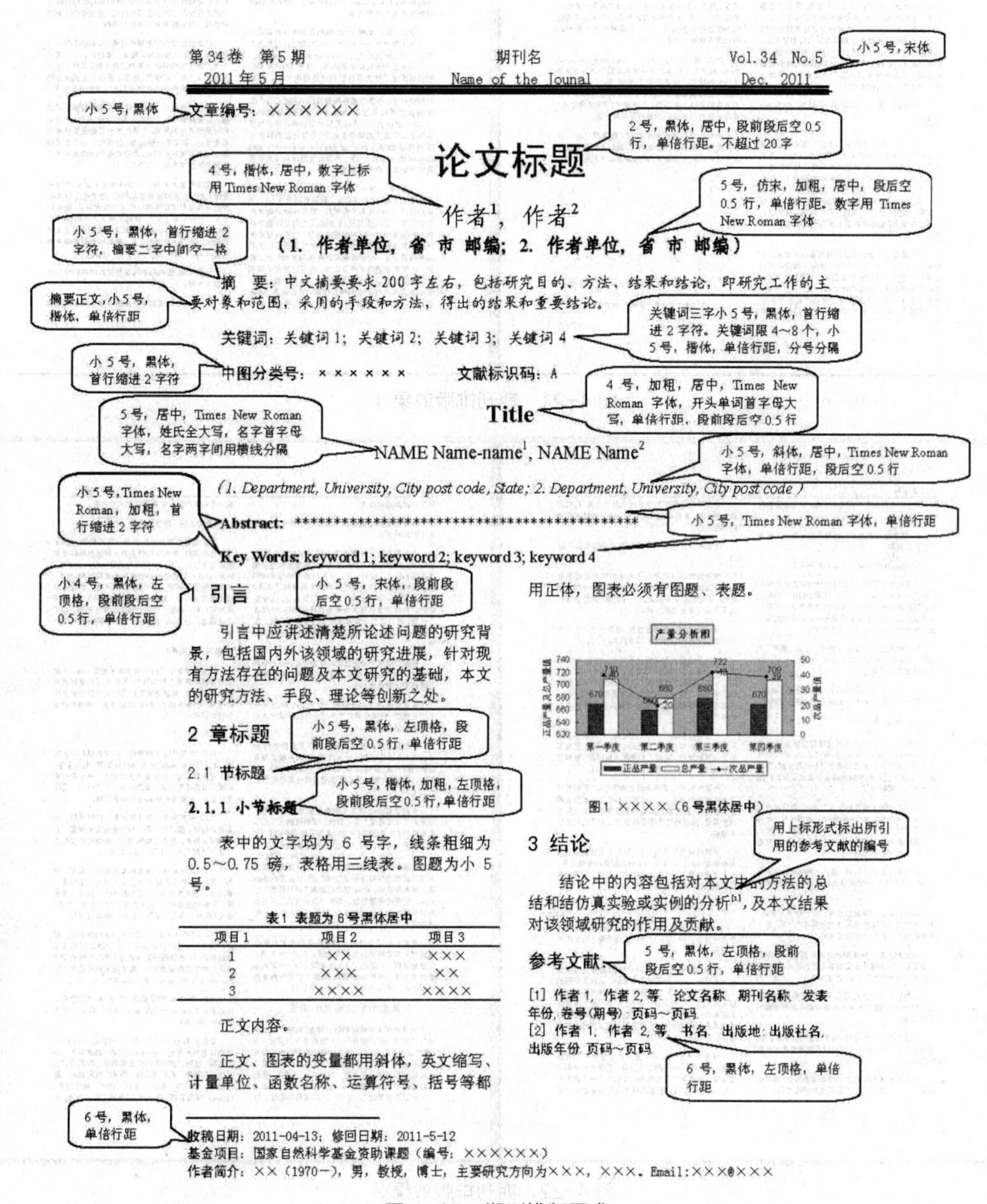

图 4-20 期刊排版要求

按上述要求排版后效果如图 4-21、图 4-22 和图 4-23 所示。

2011年1月　　中国大学教育

计算思维与大学计算机基础教育*

陈国良[1]，董荣胜[2]

（1. 中国科学技术大学；2. 桂林电子科技大学）

摘　要：文章首先介绍了大学计算机基础课程的重要性，分析了教学中存在的问题，指出了"狭义工具论"的危害。然后从推动人类文明进步、科技发展三大科学思维之一的"计算思维"入手，阐述了计算思维对培养学生创新能力的重要性。最后就计算思维主要内容，即问题求解、系统设计和人类行为理解，探讨了大学计算机基础课程设置，强调了课程结构设计的重要性，给出了一种以"计算思维"为核心的大学计算机基础课程教学的最小集，为大学计算机基础教育提供了一种以提高学生计算思维能力为目标的新模式。

关键词：计算思维；大学计算机基础教育；计算思维导论

一、大学计算机基础课程的重要性

对于计算科学的重要性，在美国总统信息技术咨询委员会（PITAC）2005年6月给美国总统递交的报告《计算科学：确保美国竞争力》（Computational Science:Insuring America's Competitiveness）有明确的阐述。报告认为，虽然计算本身也是一门学科，但是其具有促进其他学科发展的作用[1]。报告认为，21世纪科学上最重要的、经济上最有前途的前沿研究都有可能通过先进的计算技术和计算科学而得到解决。尽管报告用的是"都有可能"，但是对于我们学科来说，这个论述已相当到位。那么，为其他学科培养掌握先进计算技术的大学计算机基础课程就显得非常重要。从国家层面，对这门课程的定位就是基础课程，也就是与数学、物理相同地位的基础课程。既然是基础课程，课程的教学方法就应该像数学与物理一样，讲授学科的基础概念。

二、大学计算机基础课程教学存在的问题

目前，在大学计算机基础课程的教学中出现了一些问题，主要是"狭义工具论"的问题。"狭义工具论"就是认为计算机基础教学就是教学生怎么将计算机作为工具使用，应该说这种认识对计算机的教育非常有害，这样会使学生对计算学科的认识淡化，无助于计算技术中最重要的核心思想与方法的掌握。作为"狭义工具论"虽然不好，但在过去一段时间里，在高校中的确某种程度上存在这种倾向。

再来看教程，我们大学计算机基础的教程，名称很多，诸如入门、文化等等，都被认为是计算机基础课的教材。内容基本上是有关领域的浓缩版，把它压缩在一起，好像网络也讲一点，人工智能、数据库也讲一点，都很浓缩。这会产生怎样的后果？那就是：学生进入大学后，对第一门计算机课程兴趣不大，逃课率较高。

我国出现的这些问题，其实美国也存在。美国著名计算机杂志 Communications of The ACM 前主编 PeterDenning 教授，2003年11月在 Communications of The ACM 上发表了《伟大的计算原理》（Great Principles ofComputing）一文[2]，在文中介绍过这个问题。当然，他讲的是"程序设计语言"作为大学的第一门计算机基础课程的问题。他介绍道，面对程序设计语言中烦杂的语法规则，在课程的学习过程中，有35%～50%的学生辍学；另外，不少学生还通过抄袭或者是作弊的方式来完成课程。许多非计算机专业的学生从来都没有体验过计算的愉悦——计算原理的相互影响以及问题有效解决的思维方式。

2005年11月，美国 Computing Research News 刊登了一篇名为《科学与工程专业毕业生的工资》的报告。报告介绍了2003年10月在美国科学与工程领域各学科中，计算机与信息科学专业毕业生的平均工资最高。尽管如此，2001年以来，主修计算相关专业的学生却在不断下降。

加州大学洛杉矶分校的高等教育研究会一直都在追踪学生主修专业的情况，他们发现学生对计算专业的兴趣波动很大，具体数据如下图所示[3]。

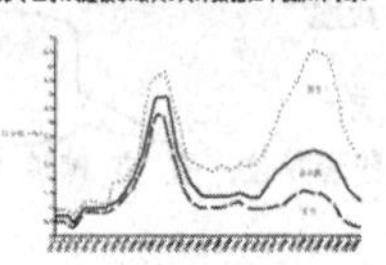

图　美国本科计算专业学生人数的变化

2011年1月　　中国大学教育

三、计算思维在美国产生的背景

计算科学的至关重要性与学生兴趣的下降形成鲜明对比。2005年6月，美国总统信息技术咨询委员会（PITAC）向美国总统提交报告后，美国科学基金会（NSF）邀请美国计算机与研究领域的专家，召开系列会议，于2005年末至2006年初形成4份相对应的报告。

(1) Report of NSF Workshop on Integrative Computing Education and Research(ICER) Northeast Workshop;

(2) Report of NSF Midwest Region Workshop on ICER: Preparing IT Graduates for 2010 and Beyond;

(3) Report from the Southeast Region Workshop on ICER: Preparing IT Graduates for 2010 and Beyond;

(4) ICER Final Report of the Northwest Regional Meeting.

根据以上报告的建议，2007年美国科学基金会（NSF）启动了"大学计算教育振兴的途径"（CISE Pathways toRevitalized Undergraduate Computing Education，CPATH）计划，投入巨资进行美国计算教育的改革。

经过2007年和2008年的资助和项目实践，"大学计算教育振兴的途径"（CPATH）计划将工作着眼于计算思维（Computational Thinking，CT）在计划中所起的重要作用，并在2009年资助的项目提出了更为具体的以计算思维为核心的课程[4]。"大学计算教育振兴的途径"（CPATH）计划启动后，不仅引起美国教育界的关注，也引起美国科学界的关注。2008年，美国科学基金会（NSF）又启动了一个涉及所有学科的、以计算思维为核心的重大基础研究计划"计算使能的科学发现与技术创新"（Cyber-Enable Discovery and Innovation，CDI），进一步将计算思维的培育扩展到美国的各个研究领域[5]。

以上2个事件，可以联系在一起看待。[illegible]

四、科学与科学思维

[illegible]

图 4-21　期刊排版效果 1

2011年1月　　中国大学教育

[illegible]

五、计算思维

[illegible]

六、计算思维在我国

[illegible]

2011年1月　　中国大学教育

[illegible]

七、计算思维导论课程的构建

[illegible]

图 4-22　期刊排版效果 2

2011年1月　　　　中国大学教育

建文件，直接式编程，for 循环，调用文件，数组计算等。基于 Python 的实验：蒙特卡罗算法计算圆周率，控制和创建一个声音文件，仿真一个小型物理系统等。

（6）计算机硬件基础：数制与运算，布尔逻辑与门电路，计算机组成（CPU、存储器、I/O 设备、系统互联），指令系统及执行，计算机体系结构，组网与因特网（网络基础、因特网协议）。

（7）计算机基础软件：操作系统（操作系统的体系结构、协调机器的活动），软件工程（软件生命周期、模块化、人机界面），数据库系统（数据库基础、关系模型），人工智能（智能与机器）。

4．教学方法的原则建议

以计算学科基本问题为导向，以经典案例为基础，通过实验了解和应用编程的基本原理，通过习题课强化学科基础概念的理解，着力提高学生的计算思维能力。

5．教材与参考书目

（1）Allen Downey, Jeff Elkner and Chris Meyers. How to Think Like a Computer Scientist. Green Tea Press, 2002.

（2）John Zelle. Python Programming: An Introduction to Computer Science. Franklin, Beedle & Associates, 2004.

（3）J. Glenn Brookshear. Computer Science: An Overview(10th Edition). Addison Wesley, 2009.

（4）David Harel, Yishai Feldman. Algorithmics- The Spirit of Computing(3rd edition). Addison-Wesley, 2004.

（5）Jeannette M. Wing. Computational Thinking. Communications of the ACM, 2006, 49(3).

（6）Tim Bell, Ian Whitten, and Mike Powell. Computer science unplugged. www.unplugged.canterbury.ac.nz.

本届教指委在上届教指委工作的基础上，总结了计算机基础教学的发展规律，做了三件大事：即计算机基础教学的能力培养目标、知识体系和实验体系、核心课程的基本要求。教指委的这些工作，创造性地建立了计算机基础教学科学化和规范化的教学研究方法，形成了比较科学的基础课程教学体系，这些都为以计算思维能力培养为核心的计算机基础课程教学改革奠定了良好的基础。本届教指委为新一轮的大学计算机基础课程改革作了大量的前期准备工作。在 2010 年 5 月的合肥会议上，探讨了计算思维融入计算机基础课程的问题，2010 年 7 月召开的西安会议，2010 年 9 月召开的太原会议，均把计算思维列为会议的主要议题，特别是在《九校联盟（C9）计算机基础教学发展战略联合声明》中，确定了以计算思维为核心的计算机基础课程教学改革[14, 15]。

2010 年 11 月的济南会议在更大范围内，讨论以计算思维为核心的课程教学改革。我们正在积极向教育部领导建言和申请立项，开展“计算思维：确保学生的创新能力”的大学计算机基础课程教学改革的研究。我们现在不仅仅是在谈论，而且是在具体做了，包括上海交通大学 2010 年秋季开设的实际上就是计算思维的课程，以及南方科技大学即将开设全新的大学计算机基础课程——计算思维导论。

参考文献：

[1] President's Information Technology Advisory Committee. Computational Science: Ensuring America's Competitiveness[EB/OL]. http://www.nitrd.gov/pitac/reports/20050609_computational/computational.pdf, June 2005.
[2] Peter J. Denning. Great principles of computing[J]. Communications of the ACM, 2003, 46(11).
[3] David Patterson. Restoring the popularity of computer science[J]. Communications of the ACM, 2005, 48(9).
[4] 美国国家科学基金会 CPATH 计划 2009 年项目申报说明[EB/OL]. http://www.nsf.gov/cise/funding/cpath_faq.jsp#1.
[5] 美国国家科学基金会 CDI 计划官方网站[EB/OL]. http://www.nsf.gov/crssprgm/cdi/
[6] 爱因斯坦. 相对论[M]. 周学政等译. 北京: 北京出版社, 2007.
[7] Jeannette M. Ving. Computational Thinking[J]. Communications of the ACM. 2008, 40(2).

作者简介：陈国良，中国科学技术大学、深圳大学教授，中国科学院院士，教育部高等学校计算机基础课程教学指导委员会主任委员，第一届高等学校教学名师奖获得者；董荣胜，桂林电子科技大学教授。

图 4-23　期刊排版效果 3

2．毕业论文排版

请打开“大基实验 4-3-素材-毕业论文输入样板.docx”，以“学号姓名 4-3-2.docx”的名字另存，按以下要求进行排版。

注意：

在以你的学号姓名命名的文件中做以下设置：打开“文件”→“选项”→“显示”，勾选“显示所有格式标记”，这时，可以看到文中所有的格式标记，如回车换行符、空格符号、分节符等。

（1）页面设置

纸型：A4。

页边距：上 3cm，下 2.5cm，左 3cm，右 2.5cm，页眉 2.4cm，页脚 2cm。

文档网格：字体设置。中文：宋体。西文：Times New Roman。字型：常规。字号：小四号，指定每行 36 个字符，每页 30 行。

（2）封面

修改封面中的届为本年年份，日期为本年六月，题目中输入“某高校设备处管理信息系统设计与开发”，分院系部和专业填写你所在的院部、专业，姓名处填写你的姓名，导师姓名填写你的《大学计算机基础与计算思维》任课教师，职称填写“教授”。

以上填入内容全部以宋体三号字排版，且应居于横线的中央，横线的长度应保持一致。题目过长可以对其进行字符缩放。

（3）中文摘要

论文标题排版：黑体、小三号字，段落居中。

作者姓名排版：宋体，四号，段落居中。

通信地址排版：修改学校学院名称为你所在的学校学院，省市和邮编也做对应的修改。宋体，四号，段落居中。

摘要：摘要二字排为黑体、四号、加粗，两字间空两格；摘要的内容排为宋体，小四号。

关键词：关键词所在段落与摘要间空一行，“关键词”三字排为黑体、四号、加粗，关键词本身排成宋体、小四号，关键词的个数最好不要超过五个。

（4）英文摘要

英文摘要需另起一页排版（在中文摘要页末尾加分页符），英文摘要与中文摘要的项目一一对应，排版方法相同，仅将字体改为“Times New Roman”，英文关键词间用英文逗号加半角空格分隔。

通过“页面布局”→“页面设置”→“分隔符”，在英文摘要页末尾插入“下一页”类型的“分节符”。

（5）目录

目录两字间空两格，黑体，小三号，段落居中。

目录内容最后由系统自动生成。设置方法参见后文。

目录所在节设置页眉页脚：将光标定位在目录页，单击“插入”→“页眉页脚”→“页脚”，选择“编辑页脚”，单击页眉和页脚组上的“页码”→“页面底端”→“普通数字 2”，将出现的页码前后加上一字线，再单击页眉和页脚组上的“页码”→“设置页码格式”按钮，“编号格式”选择为大写罗马数字“Ⅰ”“Ⅱ”……“页码编号”选择“起始页码”为“Ⅰ”，最后设置页码段落居中。

（6）正文

① 定义样式

按下表定义论文中各级标题和其他项的样式，注意样式名和快捷键的设置也最好与下表相同，如表 4-3 所示。

表 4-3　定义样式要求

编号	级别	格式描述	样式名称	快捷键
1	第一级（章标题）	段落居中、小三、黑体、段前段后空 1 行 大纲级别：1，多级编号样式为“1”“2”“3” （注意：该样式是用系统内建样式来修改，不是新建的样式）	标题 1	Ctrl+1
2	第二级（节标题）	首行缩进为 0、四号、宋体、段前段后空 0.5 行， 大纲级别：2。多级编号样式为：“2.1”“2.2”“2.3” （注意：要继承章标题的编号）	论文 2 级标题	Ctrl+2

续表

编号	级别	格式描述	样式名称	快捷键
3	第三级（小节标题）	首行缩进两字符、小四号、黑体、段前段后后 0.5 行，大纲级别：3，多级编号：“2.2.1”“2.2.2”“2.2.3”（注意：要继承章标题和节标题的编号）	论文 3 级标题	Ctrl+3
4	第四级	首行缩进两字符、小四号、宋体，自动编号：“A.”“B.”“C.”	论文 4 级标题	Ctrl+4
5	第五级	首行缩进两字符，自动编号：“a.”“b.”“c.”	论文 5 级标题	Ctrl+5
6	正文	首行缩进 2 字符，单倍行距，中文：小四号、宋体 英文：小四号、Times New Roman	论文正文	Ctrl+0
7	文后标题	格式同标题 1，但无自动编号	论文文后 1 级标题	

② 页眉页脚

将光标定位在第一章正文的第一页，进入“页面设置”，在“版式”中设置其“页眉和页脚”为“首页不同”，且应用于“本节”。

单击“插入”→“页眉页脚”→“页眉”，选择“编辑页眉”，光标定位到“首页页眉”处，然后单击页眉页脚工具中的“设计”→“导航”→ “链接到前一条页眉”图标，取消其链接。首页页眉处不设置内容。

将光标定位到“首页页脚”处，单击页眉页脚工具中的“设计”→“导航”→“链接到前一条页眉”图标，取消其链接。单击页眉和页脚组上的“页码”→“页面底端”→“普通数字 2”，将出现的页码前后加上一字线，再单击“页码”→“设置页码格式”按钮，“编号格式”选择为阿拉伯数字“1”“2”…“页码编号”选择“起始页码”为“1”，最后设置页码段落居中。

光标定位到下一页的“页眉”处，单击页眉页脚工具中的“设计”→“导航”→“链接到前一条页眉”图标，取消其链接。单击“插入”→“文本”→“文档部件”中的“域”命令，在“类别”中选择“链接和引用”，在“域名”中选择“StyleRef”，在样式名中选择“标题 1”，再勾选“域选项”的“插入段落编号”——该操作在页眉处插入章的编号。在编号后输入两个空格，重复刚才的插入域操作，只是不勾选“域选项”下的任何项目——该操作在页眉处插入章的名称，如图 4-24 所示。

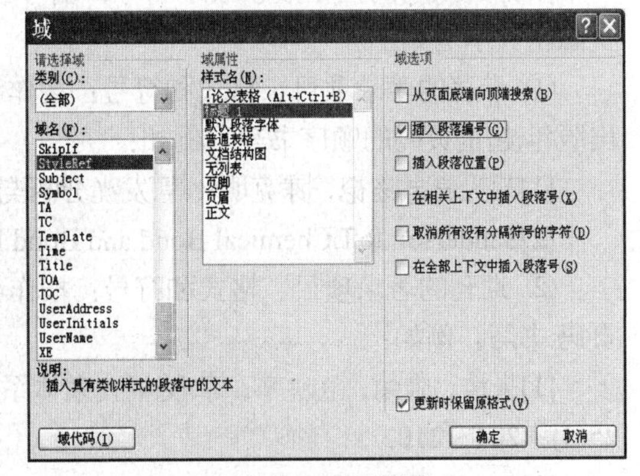

图 4-24 域设置

将光标定位到当前这一页的“页脚”处，单击页眉页脚工具中的“设计”→“导航”→“链接到前一条页眉”图标，取消其链接。单击页眉和页脚组上的“页码”→“页面底端”→“普通数字 2”，将出现的页码前后加上一字线，再单击“页码”→“设置页码格式”按钮，“编号格式”选择为阿拉伯数字“1”“2”…“页码编号”选择“起始页码”为“1”，最后设置页码段落居中。

③ 分节

通过“页面布局”→“页面设置”→“分隔符”在正文各章间均插入“下一页”类型的“分节符”。该操作一定要在前一步页眉页脚设置好的情况下做，这样的话后面的节自动继承了前面的“首页不同”和页眉页脚的设置，不需要再一一设置了。

④ 正文排版

对章中各级标题和正文用之前定义的样式进行排版。最好先选中全部正文，设置为“!论文正文”样式，再从头一一对各级标题应用样式进行排版。因为样式中已包含各级标题的编号，所以需要手动删除文中的旧编号。

⑤ 正文其他部分的排版

注释：毕业论文（设计）中有个别名词或情况需要解释时，可加注说明，注释可用脚注（将注文放在加注页的下端）或尾注（将全部注文集中在文章末尾），而不可用行中注（夹在正文中的注）。格式：中文小五、宋；英文小五、Times New Roman。

公式：居中书写，公式的编号用圆括号括起放在公式右边行末，公式和编号之间不加虚线。

表格：一般使用三线表，每个表格应有自己的表序和表题，表序和表题应写在表格上方正中，表序后空一格书写表题。表格允许下页接写，表题可省略，表头应重复写。表序、表题、表头排五号黑体，表中内容排五号～六号宋体，全表内容中部居中，整个表格应居中。

插图：插图应有图序和图题，图序和图题应放在图下方中间。图序后空一格书写图题，图序、图题排五号黑体。

（7）文后排版

文后包括参考文献、指导教师简介、致谢和附录（不是必须的）。文后的每部分均需用“下一页”类型的分节符分隔，页眉页脚继承正文的即可，不需要重新设置。文后的标题用“!论文文后 1 级标题”样式排版，文后的正文用“!论文正文”样式排版。

（8）参考文献

参考文献用阿拉伯数字顺序编号，编号放中括号中，排成五号、宋体。各种类型的参考文献格式示例如下。

① 专著的著录项目、格式和符号：按作者.书名.版本（第 1 版不著录）.出版地:出版者，出版年.起止页码的顺序书写。例如：

[1]胡天喜，陈祀，陈克明，等.发光分析与医学.上海:华东师范大学出版社，1990.89～103.

[2]Sanderson R T.Chemical Bond and Bond Engergies.New York:Academic Press,1976.23～30.

② 期刊的著录项目、格式和符号：按作者.文题名.刊名，出版年份，卷号（期号）:起止页码.书写。例如：

[1]朱浩，施菊，范映辛，等.反相胶束体系中的酶学研究.生物化学与生物物理进展，1998，25(3)：204～210.

[2]Smaith R G, Cheng K, Schoen W R, et al. A nonpeptidyl hormone secretagogue. Science，1993,260(5144):1640～1643.

③ 论文集的著录项目、格式和符号：按作者.文题名.见（英文用 In）:编者.论文集名（多卷集为论文集名，卷号）.出版地:出版者，出版年.起止页码书写。例如：

[1]薛社普，周增桦，刘毅，等.C-醋酸棉酚在大鼠体内的药物动力学研究.见:薛社普，梁德才，刘裕主编.男用节育药棉酚的实验研究.北京:人民卫生出版社，1983.67～73.

[2]Howland D.A model for hospital system planning. In: Krewernas G, Morlat G, eds. Actes de la 3eme Conference International de Recherche Operationells, Oslo, 1963. Paris: Dunod, 1964. 203～212.

④ 专利文献的著录项目、格式和符号：按专利申请者.题名.其他责任者（供选择）.附注项（供选择）.专利国别，专利文献种类，专利号.日期书写。例如：

[1]曾德超.常速高速通用优化犁.中国专利，85203720,1.1986-11-13.

[2]Fleming G L,Martin R T.Ger Par.US patent,C08g,139291.1972-02-07.

（9）目录自动生成

将光标定位到目录二字的下一行，单击“引用”→“目录“→“插入目录”，在“目录”选项卡下选择“选项”，进入目录设置界面，在“标题 1”样式后的目录级别中输入“1”，在“!论文 2 级标题”样式后的目录级别中输入“2”，在“!论文文后 1 级标题”样式后的目录级别中输入“2”，在“!论文 3 级标题”样式后的目录级别中输入“3”，确定后即自动生成了目录。

目录生成后，若后面对正文有更改导致页码索引有变化，可以回到目录部分，鼠标右键单击目录选择“更新域”，更新整个目录即可。

按上述要求排版后，部分页排版效果如图 4-25~图 4-30 所示。

其他：

以上作业按要求的名称保存后上交到任课教师指定的位置。

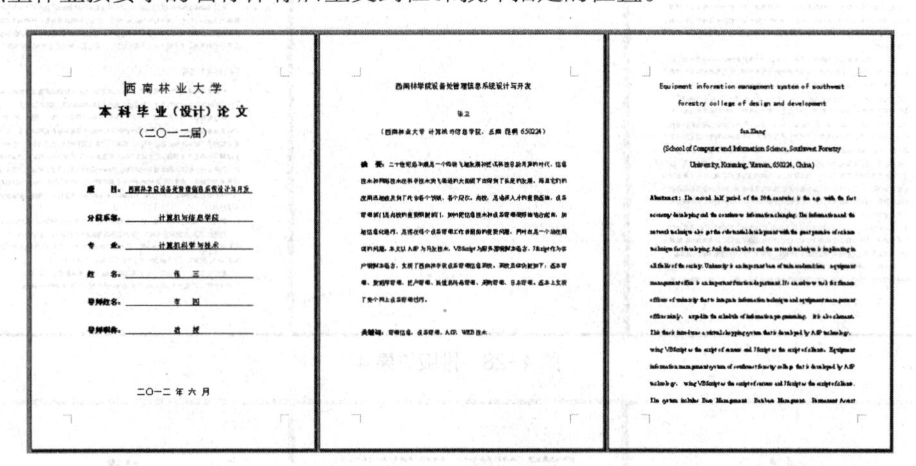
西南林业大学
本科毕业（设计）论文
（二〇一二届）
二〇一二年六月

Equipment information management system of southwest forestry college of design and development

图 4-25　排版效果 1

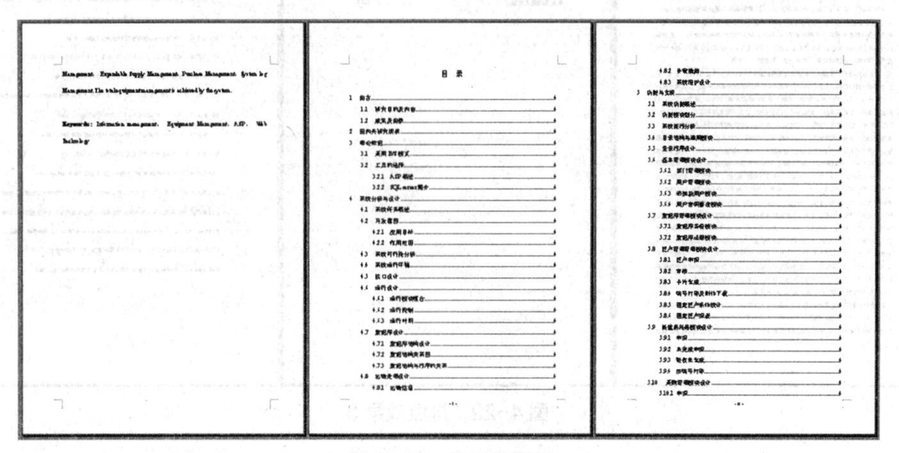
目 录

图 4-26　排版效果 2

-III-

1 前言

[illegible]

1.1 研究目的及内容

[illegible]

-1-

1.2 效果及前景

[illegible]

-2-

图 4-27　排版效果 3

2 国内外研究现状

[illegible]

3 理论依据

3.1 采用B/S模式

B/S 模式(浏览器/服务器)随着 Internet 的发展，已经成为了企业信息系统建设的首选。[illegible]

3.2 工具的选择

界面设计可采用 FRONTPAGE、PHOTOSHOP、DREAMWEAVER 等工具软件。[illegible]

图 4-28　排版效果 4

6 结 论

[illegible]

参考文献

[1] [illegible]
[2] [illegible]
[3] [illegible]
[4] [illegible]
[5] [illegible]
[6] [illegible]
[7] [illegible]
[8] [illegible]
[9] [illegible]
[10] [illegible]
[11] [illegible]
[12] [illegible]
[13] [illegible]
[14] [illegible]
[15] [illegible]

图 4-29　排版效果 5

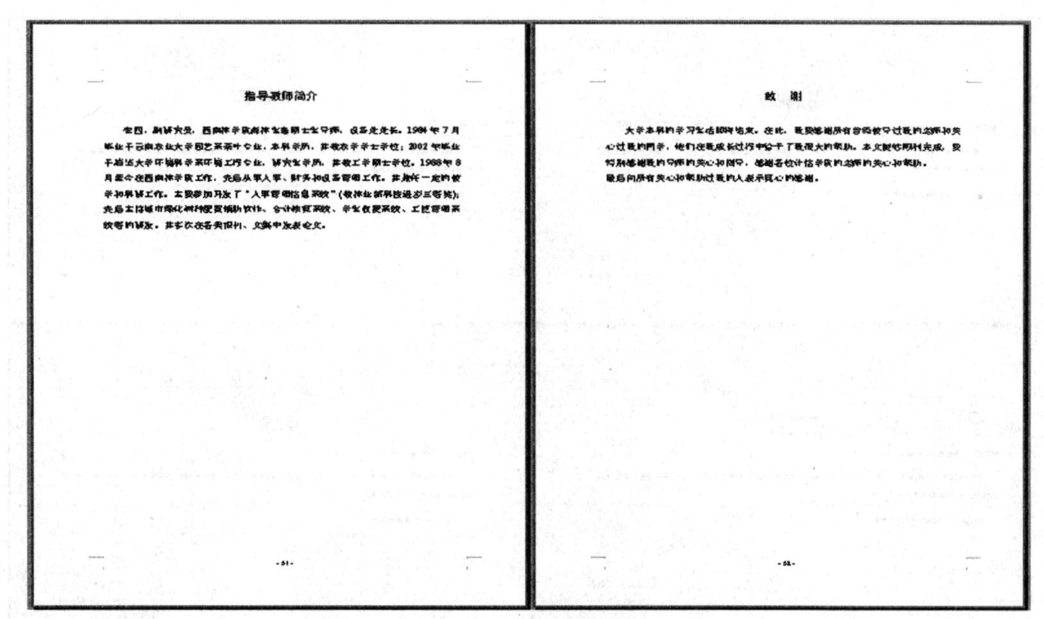

图 4-30 排版效果 6

3．邮件合并及邀请函制作

请打开“大基实验 4-3-素材-4 邀请函.docx”，以“学号姓名 4-3-3.docx”的名字另存，同时下载“大基实验 4-3-素材-6 背景图片.jpg”和“大基实验 4-3-素材-7 通讯录.xlsx”，并按下面的要求进行排版。

某高校学生会计划举办一场“大学生网络创业交流会”的活动，拟邀请部分专家和老师给在校学生进行演讲。因此，校学生会外联部需制作一批邀请函，并分别递送给相关的专家和老师。

请按如下要求，完成邀请函的制作。

（1）调整文档版面，要求页面高度 18 厘米、宽度 30 厘米，页边距（上、下）为 2 厘米，页边距（左、右）为 3 厘米。

（2）“大基实验 4-3-素材-6 背景图片.jpg”设置为邀请函背景。

（3）根据“大基实验 4-3-素材-5 邀请函参考样式.docx”文件，调整邀请函中内容文字的字体、字号和颜色。

（4）调整邀请函中内容文字段落对齐方式。

（5）根据页面布局需要，调整邀请函中“大学生网络创业交流会”和“邀请函”两个段落的间距。

（6）在“尊敬的”和“(老师)”文字之间，插入拟邀请的专家和老师姓名，拟邀请的专家和老师姓名在“大基实验 4-3-素材-7 通讯录.xlsx”文件中。每页邀请函中只能包含 1 位专家或老师的姓名，所有的邀请函页面请另外保存在一个名为“学号姓名 4-3-3 邀请函.docx”文件中。

（7）邀请函文档制作完成后，请保存“学号姓名 4-3-3.docx”。

最终结果如图 4-31 所示。

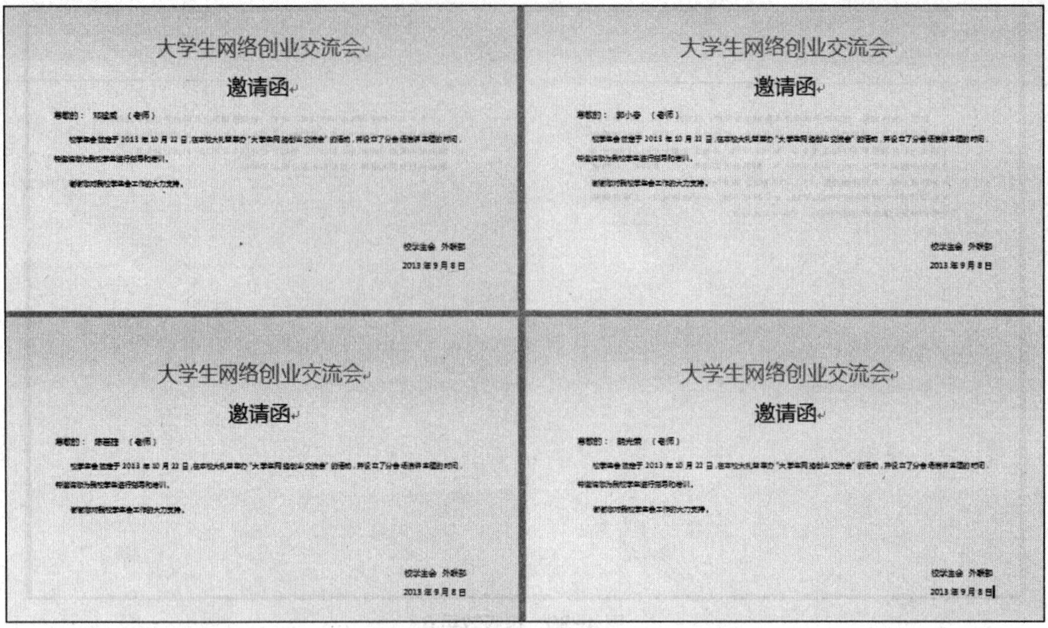

图 4-31　邀请函排版结果

PART 5-1 实验 5–1 电子表格制作规范与方法实验一

一、实验目的

（1）掌握电子表格制作的基础知识。
（2）掌握电子表格的数据处理方法。
（3）掌握常用函数的使用。

二、实验条件要求

（1）硬件：计算机 1 台。
（2）系统环境：Windows 7。
（3）软件：Microsoft Office Excel 2010 软件或 WPS 表格软件。

三、实验基本知识点

1．编辑栏及其使用

编辑栏用于显示当前单元格中相关的内容，单击编辑栏并进行输入便可以编辑它。若单元格中的数据是由公式算出的值，可在编辑栏中查看它对应的公式。编辑栏自左至右依次由名称框、工具钮和编辑框三部分组成，如图 5-1 所示。名称框用来定义单元格名称，或者根据名称来查找单元格区域。当某个单元格被激活时，其编号（例如 A1）随即在名称框出现。此后用户键入的文字或数据将在该单元格与编辑框同时显示。工具钮“√”为确认按钮，用于确认输入单元格的内容，相当于按 Enter 键；“×”为取消按钮，用于取消本次键入的操作内容，相当于按 Esc 键；“=”则为函数编辑按钮，仅在向单元格输入公式和函数时使用。

A1 ▾ × ✓ fx 12000

图 5–1 编辑栏

2．工作簿窗口

当启动 Excel 时，打开了一个名为 Bookl 的工作簿窗口，工作簿是运算和存储数据的文件。默认情况下，工作簿窗口处于最大化状态。单击菜单栏中的“还原”按钮，即可将工作簿窗口缩小。图 5-2 中标出了工作簿窗口中各组成部分的名称。

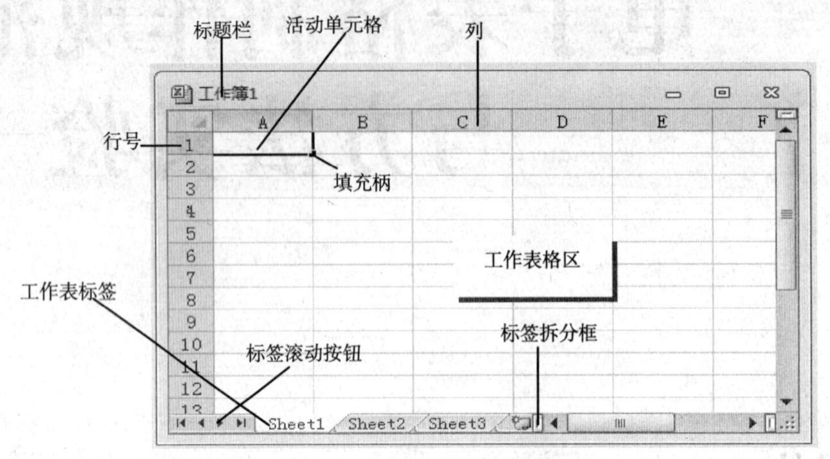

图 5-2　工作簿窗口

3．公式

公式是在工作表中对数据进行分析的等式，它可以对工作表数值进行加法、减法、乘法和除法等运算。在一个公式中可以包含有各种运算符号、常量、变量、函数及单元格引用等。输入一个公式时以等号“=”作为开头，然后才是公式的表达式。例如“=50*34”，在单元格中输入公式的步骤如下。

（1）单击要输入公式的单元格。

（2）在单元格中输入一个等号（=）。

（3）输入一个数值、单元格引用或者函数等。

（4）输入一个运算符号。

（5）输入一个数值、单元格引用等。

（6）输入完毕后，按 Enter 键或者单击编辑栏中的“输入”按钮。

4．常用函数

（1）SUM 函数。SUM 函数用于计算单个或多个参数之和。

语法格式为：SUM(Xl，X2，…)

其中，Xl，X2……为 1～30 个需要求和的参数，可以是数字或单元格名称。

（2）SUMIF 函数。SUMIF 函数用于根据指定条件对若干单元求和。

语法格式为：SUMIF(Xl，X2，X3)

其中，Xl 为用于条件判断的单元格区域，X2 为相加求和的条件，X3 为实际求和的单元格。

只有当 Xl 中的相应单元格满足条件时，才对 X3 求和。

（3）AVERAGE 函数。AVERAGE 函数是对所有参数进行算术平均值计算。语法格式和使用方法与 SUM 函数类似。

（4）Today 函数和 Now 函数。Today 返回系统内部时钟当前日期；Now 返回系统当前时间。

语法格式为：Today()和 Now()。此二函数不需要参数。

（5）LEFT 和 RIGHT 函数。它们分别返回字符串最左端和最右端的字符子串。

语法格式为：LEFT(STRING，X) RIGHT(STRING，X)

其中，STRING 为字符串，X 为子串长度。

（6）COUNT（COUNTA）函数。

语法形式为：COUNT(X1,X2, ...)

其中，X1, X2, ...为 1～30 个包含或引用各种类型数据的参数，但只有数字类型的数据才被计数。

（7）MAX 和 MIN 函数。求数据集的最大值与最小值。

语法形式为：MAX（X1,X2,...），MIN（X1,X2,...）

其中，X1,X2,... 为需要找出最大数值的 1～30 个数值。

四、实验步骤

按要求完成下列操作。

（1）启动 Excel 2010

在 Windows 的“开始”菜单中选择“程序”，在“程序”中选择“Microsoft Office”菜单中的“Microsoft Excel 2010”，如图 5-3 所示。

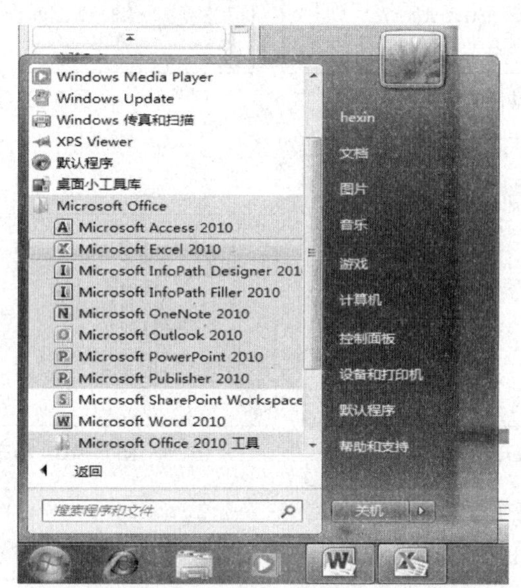

图 5-3 Excel 2010 启动方法

（2）录入学生数据

将图 5-4 所示的数据录入到打开的 Excel 2010 的 Sheet1 工作表中，如图 5-4 所示。

	A	B	C	D	E	F
1	学生基本信息表					
2	编号	姓名	性别	生日	籍贯	年龄
3		李平民	男	1989/9/16	山东淄博	
4		杨再敏	女	1988/10/2	河南郑州	
5		王毅力	女	1975/2/19	云南昆明	
6		马石平	男	1975/7/12	云南大理	
7		胡定坤	男	1965/12/3	安徽合肥	

图 5-4 实验基础数据

（3）添加学生编号

① 在 A3 单元格中输入一个数字“1”，如图 5-5 所示。

② 将鼠标移到 A3 单元格右下角的填充柄，如图 5-6 所示，按住鼠标左键向下拖动，拖动后的结果如图 5-7 所示。

③ 拖动完成后，在出现的弹出的菜单中，如图 5-8 所示；选择“填充序列”方式，如图 5-9 所示；填充结果如图 5-10 所示。

图 5-5　在 A3 单元格输入一个数据“1”

图 5-6　填充柄

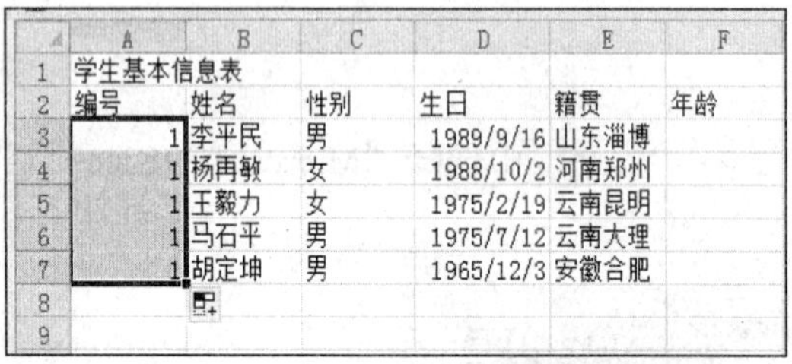

图 5-7　拖动后的结果

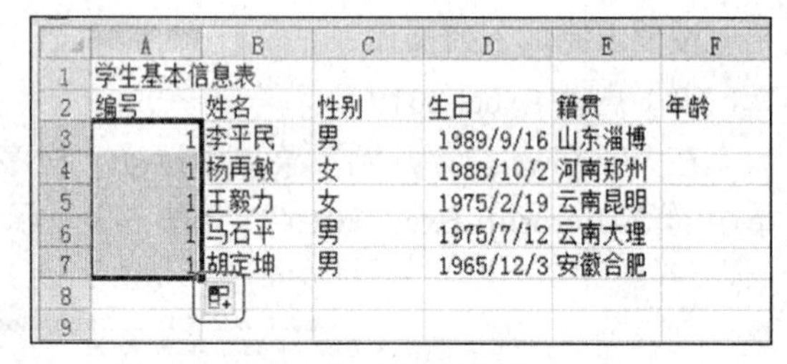

图 5-8　弹出式菜单

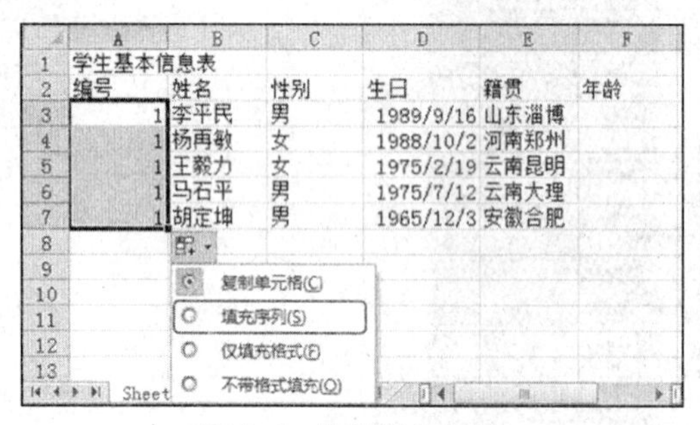

图 5-9　选择填充方式

图 5-10　填充序列效果

（4）使用公式计算每个学生的年龄

① 通过单击列标题 F，选中年龄所在的列，如图 5-11 所示。

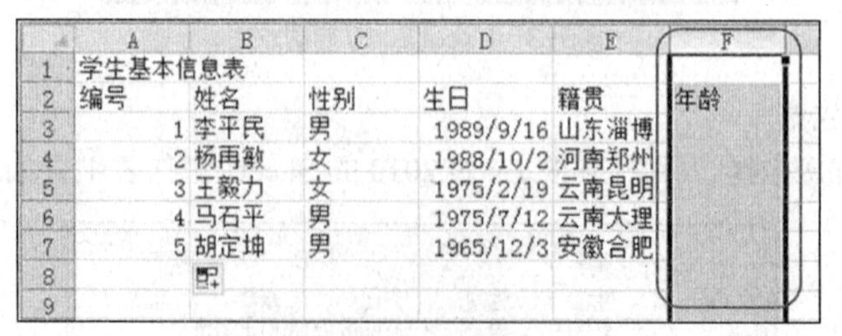

图 5-11　选中年龄所在的列效果

② 通过格式菜单的单元格命令调出单元格格式对话框，如图 5-12 所示。

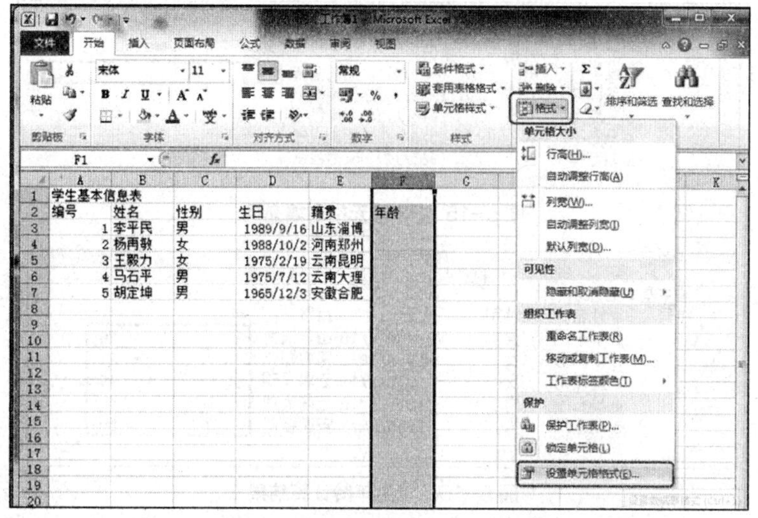

图 5-12　调用设置单元格格式菜单

③ 设置单元格的格式，如图 5-13 所示。

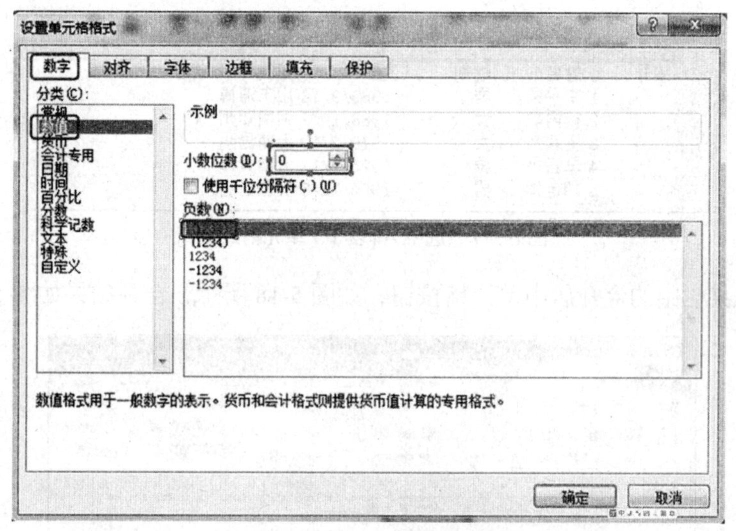

图 5-13　设置单元格格式

④ 在 F3 单元格中输入计算年龄的公式并按“Enter”键，即可得到第一个人的年龄。注意公式的输入必须以=开头。公式中的 YEAR()函数的作用是取出一个日期的年份，NOW()函数的作用是取得计算机当前的日期时间，如图 5-14 所示。

	A	B	C	D	E	F
1	学生基本信息表					
2	编号	姓名	性别	生日	籍贯	年龄
3	1	李平民	男	1989/9/16	山东淄博	=YEAR(NOW())-YEAR(D3)
4	2	杨再敏	女	1988/10/2	河南郑州	
5	3	王毅力	女	1975/2/19	云南昆明	
6	4	马石平	男	1975/7/12	云南大理	
7	5	胡定坤	男	1965/12/3	安徽合肥	

图 5-14　输入计算第一个人年龄的公式

⑤ 将鼠标放到 F3 单元格的右下角的填充柄上，如图 5-15 所示，并按下鼠标左键向下拖动，并实现计算其他学生的年龄的功能，结果如图 5-16 所示。

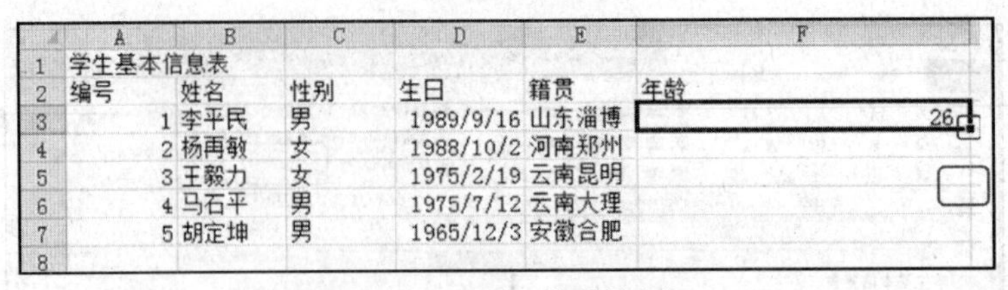

	A	B	C	D	E	F
1	学生基本信息表					
2	编号	姓名	性别	生日	籍贯	年龄
3	1	李平民	男	1989/9/16	山东淄博	26
4	2	杨再敏	女	1988/10/2	河南郑州	
5	3	王毅力	女	1975/2/19	云南昆明	
6	4	马石平	男	1975/7/12	云南大理	
7	5	胡定坤	男	1965/12/3	安徽合肥	
8						

图 5-15　F3 单元格的填充柄

	A	B	C	D	E	F	G
1	学生基本信息表						
2	编号	姓名	性别	生日	籍贯	年龄	
3	1	李平民	男	1989/9/16	山东淄博	26	
4	2	杨再敏	女	1988/10/2	河南郑州	27	
5	3	王毅力	女	1975/2/19	云南昆明	40	
6	4	马石平	男	1975/7/12	云南大理	40	
7	5	胡定坤	男	1965/12/3	安徽合肥	50	
8							

图 5-16　学生年龄计算结果

（5）将 A1 至 F1 单元格合并居中

① 选中 A1 至 F1 单元格，如图 5-17 所示。

	A	B	C	D	E	F
1	学生基本信息表					
2	编号	姓名	性别	生日	籍贯	年龄
3	1	李平民	男	1989/9/16	山东淄博	26
4	2	杨再敏	女	1988/10/2	河南郑州	27
5	3	王毅力	女	1975/2/19	云南昆明	40
6	4	马石平	男	1975/7/12	云南大理	40
7	5	胡定坤	男	1965/12/3	安徽合肥	50

图 5-17　选中 A1 至 F1 单元格效果

② 单击工具栏中的合并居中单元格按钮，如图 5-18 所示，合并结果如图 5-19 所示。

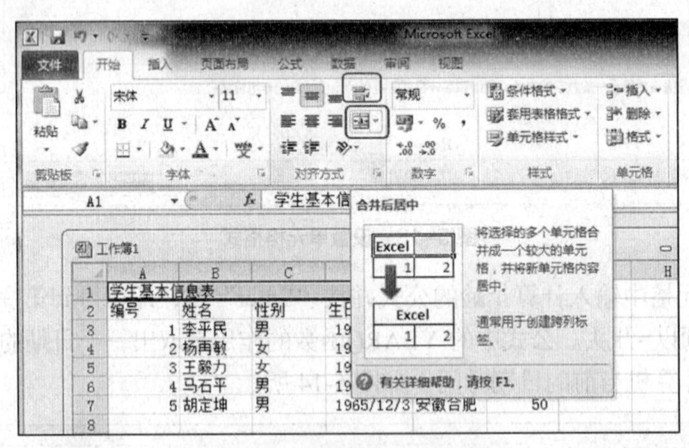

图 5-18　合并居中单元格按钮

	A	B	C	D	E	F
1	学生基本信息表					
2	编号	姓名	性别	生日	籍贯	年龄
3	1	李平民	男	1989/9/16	山东淄博	26
4	2	杨再敏	女	1988/10/2	河南郑州	27
5	3	王毅力	女	1975/2/19	云南昆明	40
6	4	马石平	男	1975/7/12	云南大理	40
7	5	胡定坤	男	1965/12/3	安徽合肥	50
8						

图 5-19　合并单元格结果

（6）计算平均年龄

① 在 E8 单元格中输入“平均年龄”，如图 5-20 所示。

② 在 F8 单元格中输入公式计算平均年龄，如图 5-21 所示。公式中的冒号（:）表示的是以 F3 为左上角到 F7 为右下角所确定的矩形范围内的所有单元格，计算结果如图 5-22 所示。

	A	B	C	D	E	F
1			学生基本信息表			
2	编号	姓名	性别	生日	籍贯	年龄
3	1	李平民	男	1989/9/16	山东淄博	26
4	2	杨再敏	女	1988/10/2	河南郑州	27
5	3	王毅力	女	1975/2/19	云南昆明	40
6	4	马石平	男	1975/7/12	云南大理	40
7	5	胡定坤	男	1965/12/3	安徽合肥	50
8					平均年龄	
9						

图 5-20 在 E8 单元格中输入“平均年龄”

	A	B	C	D	E	F	G
1			学生基本信息表				
2	编号	姓名	性别	生日	籍贯	年龄	
3	1	李平民	男	1989/9/16	山东淄博	26	
4	2	杨再敏	女	1988/10/2	河南郑州	27	
5	3	王毅力	女	1975/2/19	云南昆明	40	
6	4	马石平	男	1975/7/12	云南大理	40	
7	5	胡定坤	男	1965/12/3	安徽合肥	50	
8					平均年龄	=AVERAGE(F3:F7)	
9							

图 5-21 求平均年龄公式

	A	B	C	D	E	F
1			学生基本信息表			
2	编号	姓名	性别	生日	籍贯	年龄
3	1	李平民	男	1989/9/16	山东淄博	26
4	2	杨再敏	女	1988/10/2	河南郑州	27
5	3	王毅力	女	1975/2/19	云南昆明	40
6	4	马石平	男	1975/7/12	云南大理	40
7	5	胡定坤	男	1965/12/3	安徽合肥	50
8					平均年龄	37

图 5-22 平均年龄计算结果

（7）将年龄在 30 岁以上的用红色粗体表示出来

① 选定年龄所在的数据区域，如图 5-23 所示。

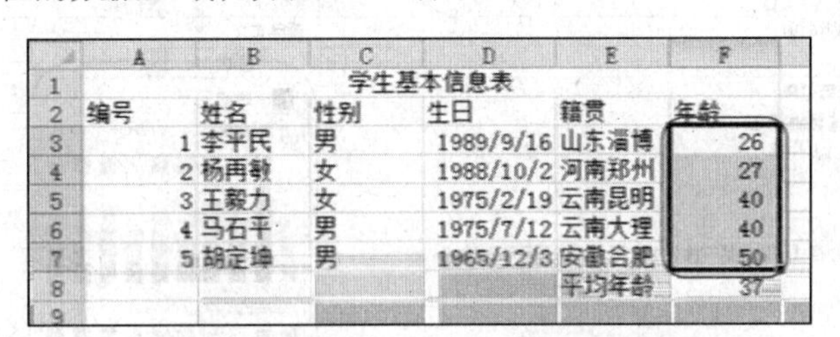

	A	B	C	D	E	F
1			学生基本信息表			
2	编号	姓名	性别	生日	籍贯	年龄
3	1	李平民	男	1989/9/16	山东淄博	26
4	2	杨再敏	女	1988/10/2	河南郑州	27
5	3	王毅力	女	1975/2/19	云南昆明	40
6	4	马石平	男	1975/7/12	云南大理	40
7	5	胡定坤	男	1965/12/3	安徽合肥	50
8					平均年龄	37

图 5-23 选定年龄所在的数据区域效果

② 从格式菜单调出条件格式对话框，如图 5-24 所示。

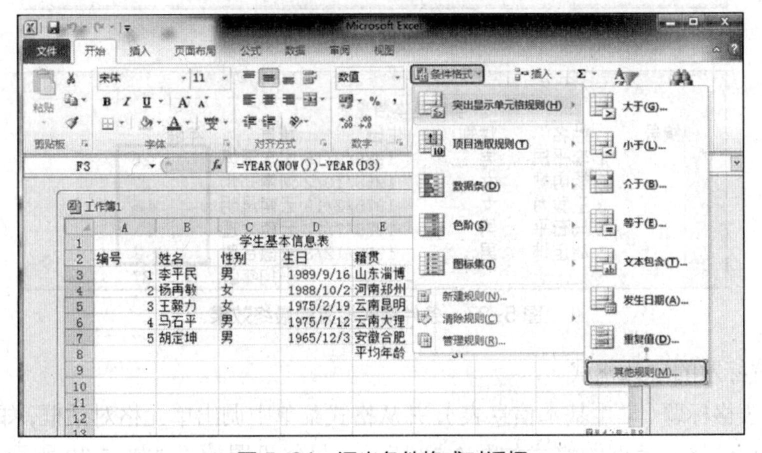

图 5-24 调出条件格式对话框

③ 在条件格式对话框中输入要设置的条件，如图 5-25 所示。

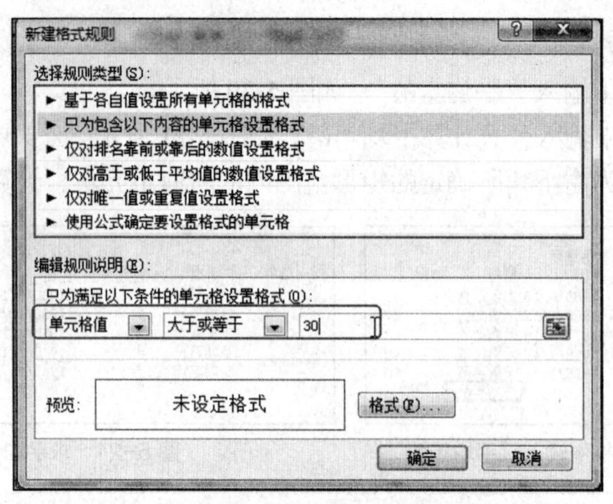

图 5-25　设置条件格式的条件

④ 单击条件格式对话框中的格式按钮，设置满足该条件的数据的显示格式，如图 5-26 所示，最终设置效果如图 5-27 所示。

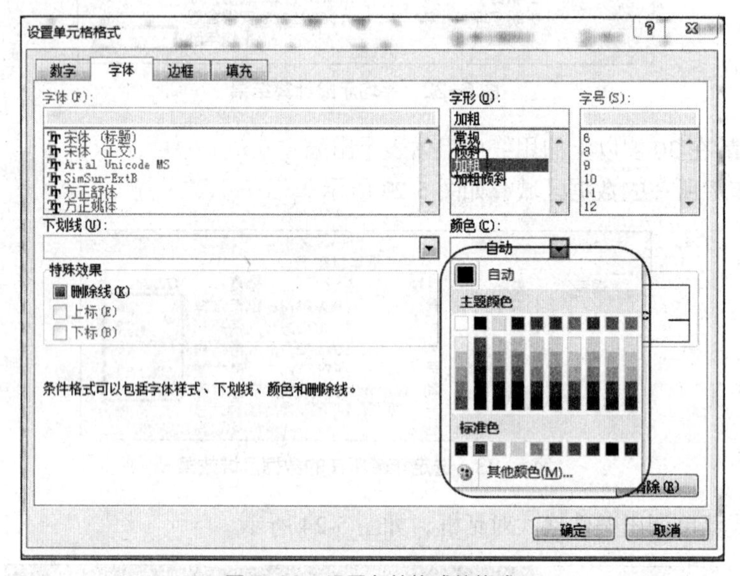

图 5-26　设置条件格式的格式

	A	B	C	D	E	F	G
1				学生基本信息表			
2	编号	姓名	性别	生日	籍贯	年龄	
3	1	李平民	男	1989/9/16	山东淄博	26	
4	2	杨再敏	女	1988/10/2	河南郑州	27	
5	3	王毅力	女	1975/2/19	云南昆明	40	
6	4	马石平	男	1975/7/12	云南大理	40	
7	5	胡定坤	男	1965/12/3	安徽合肥	50	
8					平均年龄	37	

图 5-27　条件格式设置的最终效果

（8）设置标题的字体格式

① 选定表格标题（学生基本信息表），并从格式菜单中调出单元格对话框，如图 5-28 所示。

② 设置单元格对话框的格式如图 5-29 所示，最终设置效果如图 5-30 所示。

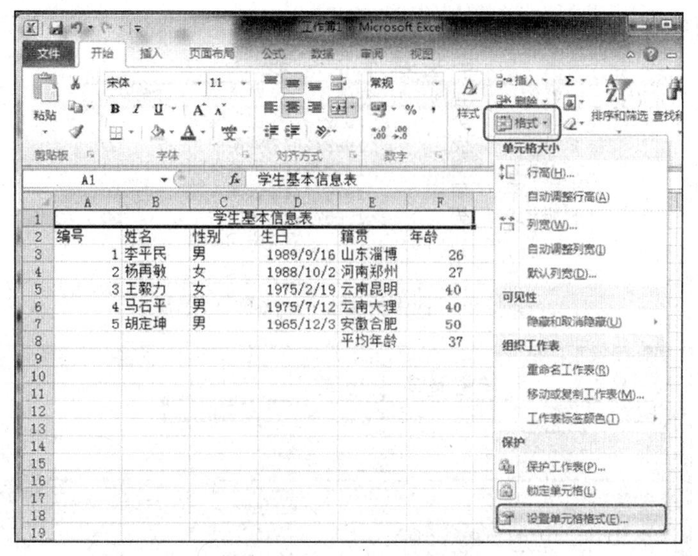

图 5-28　调出单元格对话框

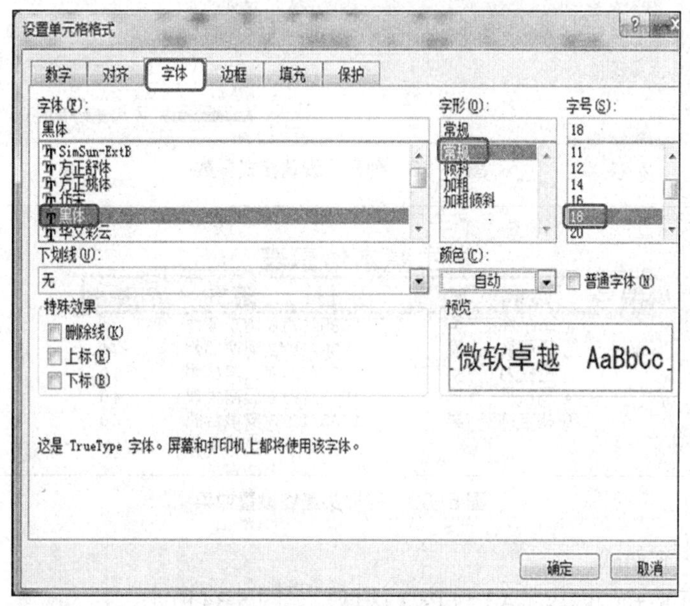

图 5-29　标题设置格式

	A	B	C	D	E	F
1	学生基本信息表					
2	编号	姓名	性别	生日	籍贯	年龄
3	1	李平民	男	1989/9/16	山东淄博	26
4	2	杨再敏	女	1988/10/2	河南郑州	27
5	3	王毅力	女	1975/2/19	云南昆明	40
6	4	马石平	男	1975/7/12	云南大理	40
7	5	胡定坤	男	1965/12/3	安徽合肥	50
8					平均年龄	37

图 5-30　标题格式设置的最终效果

（9）设置列标头格式

① 选定列标头（A2 到 F2），如图 5-31 所示。

② 设置其格式如图 5-32 所示，最终设置效果如图 5-33 所示。

	A	B	C	D	E	F	G
1	学生基本信息表						
2	编号	姓名	性别	生日	籍贯	年龄	
3	1	李平民	男	1989/9/16	山东淄博	26	
4	2	杨再敏	女	1988/10/2	河南郑州	27	
5	3	王毅力	女	1975/2/19	云南昆明	40	
6	4	马石平	男	1975/7/12	云南大理	40	
7	5	胡定坤	男	1965/12/3	安徽合肥	50	
8					平均年龄	37	
9							

图 5-31　选定列标头（A2 到 F2）效果

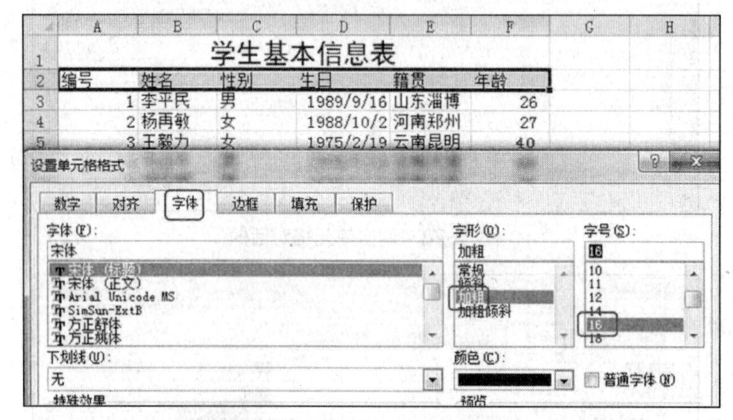

图 5-32　列标头设置格式参数

	A	B	C	D	E	F	G
1	学生基本信息表						
2	编号	姓名	性别	生日	籍贯	年龄	
3	1	李平民	男	1989/9/16	山东淄博	26	
4	2	杨再敏	女	1988/10/2	河南郑州	27	
5	3	王毅力	女	1975/2/19	云南昆明	40	
6	4	马石平	男	1975/7/12	云南大理	40	
7	5	胡定坤	男	1965/12/3	安徽合肥	50	
8					平均年龄	37	
9							

图 5-33　列标头最终设置效果

（10）设置内容格式

① 选定单元格式的内容（A3 到 F8）区域，如图 5-34 所示。

	A	B	C	D	E	F	G
1	学生基本信息表						
2	编号	姓名	性别	生日	籍贯	年龄	
3	1	李平民	男	1989/9/16	山东淄博	26	
4	2	杨再敏	女	1988/10/2	河南郑州	27	
5	3	王毅力	女	1975/2/19	云南昆明	40	
6	4	马石平	男	1975/7/12	云南大理	40	
7	5	胡定坤	男	1965/12/3	安徽合肥	50	
8					平均年龄	37	
9							
10							

图 5-34　选定单元格式的内容（A3 到 F8）区域效果

② 从格式菜单中调出单元格格式对话框，如图 5-35 所示。

③ 设置内容字体如图 5-36 所示，最终设置效果如图 5-37 所示。

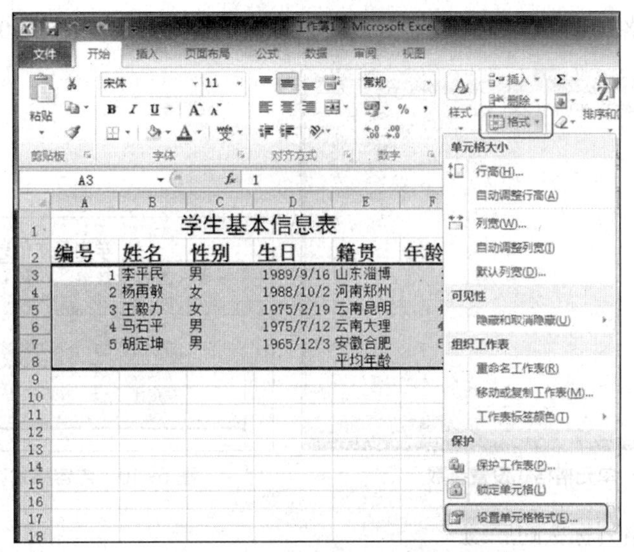

图 5-35　调出单元格格式方法

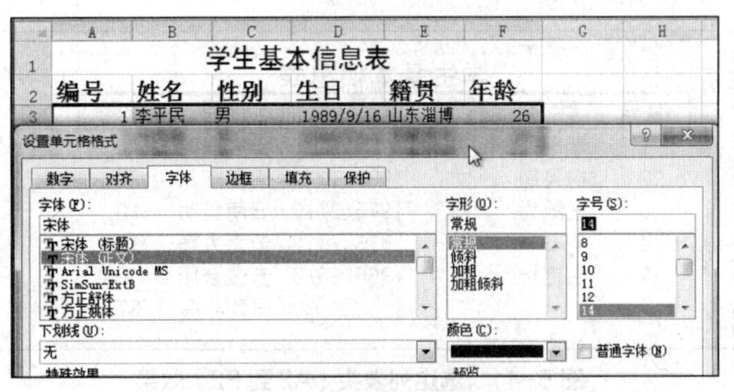

图 5-36　内容字体设置参数

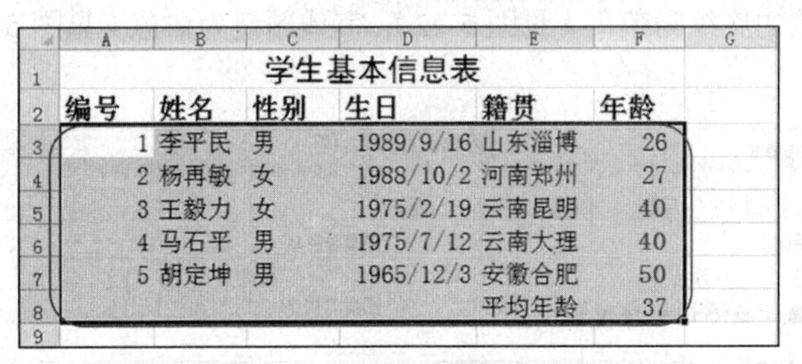

学生基本信息表					
编号	姓名	性别	生日	籍贯	年龄
1	李平民	男	1989/9/16	山东淄博	26
2	杨再敏	女	1988/10/2	河南郑州	27
3	王毅力	女	1975/2/19	云南昆明	40
4	马石平	男	1975/7/12	云南大理	40
5	胡定坤	男	1965/12/3	安徽合肥	50
				平均年龄	37

图 5-37　内容字体最终设置效果

（11）设置表格内容对齐方式

① 选定表格内容数据区域（A2 到 F8），如图 5-38 所示。

学生基本信息表					
编号	姓名	性别	生日	籍贯	年龄
1	李平民	男	1989/9/16	山东淄博	26
2	杨再敏	女	1988/10/2	河南郑州	27
3	王毅力	女	1975/2/19	云南昆明	40
4	马石平	男	1975/7/12	云南大理	40
5	胡定坤	男	1965/12/3	安徽合肥	50
				平均年龄	37

图 5-38　选定表格内容数据区域（A2 到 F8）效果

② 调出单元格式对话框并按如图 5-39 要求设置，最终效果如图 5-40 所示。

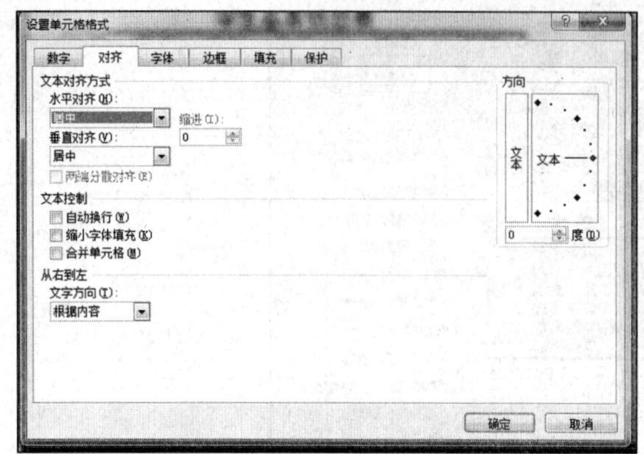

图 5-39　单元格格式设置参数

	A	B	C	D	E	F	G
1	学生基本信息表						
2	编号	姓名	性别	生日	籍贯	年龄	
3	1	李平民	男	1989/9/16	山东淄博	26	
4	2	杨再敏	女	1988/10/2	河南郑州	27	
5	3	王毅力	女	1975/2/19	云南昆明	40	
6	4	马石平	男	1975/7/12	云南大理	40	
7	5	胡定坤	男	1965/12/3	安徽合肥	50	
8					平均年龄	37	
9							

图 5-40　内容格式设置最终效果

（12）设置表格列标头的底纹

① 选定列表头（A2 到 F2），如图 5-41 所示。

	A	B	C	D	E	F	G
1	学生基本信息表						
2	编号	姓名	性别	生日	籍贯	年龄	
3	1	李平民	男	1989/9/16	山东淄博	26	
4	2	杨再敏	女	1988/10/2	河南郑州	27	
5	3	王毅力	女	1975/2/19	云南昆明	40	
6	4	马石平	男	1975/7/12	云南大理	40	
7	5	胡定坤	男	1965/12/3	安徽合肥	50	
8					平均年龄	37	
9							

图 5-41　选定列表头（A2 到 F2）效果

② 设置列标头的底纹为蓝色（见图 5-42），字体颜色为白色（见图 5-43），最终效果如图 5-44 所示。

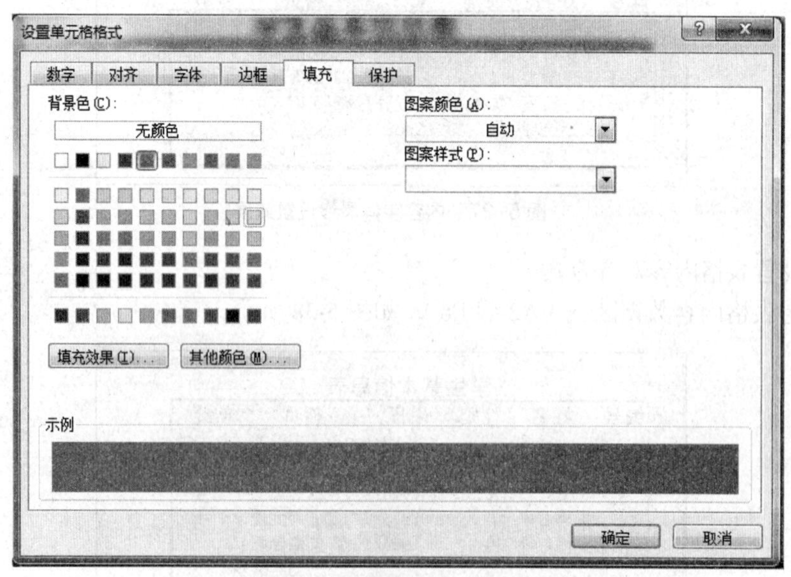

图 5-42　列标头的底纹为蓝色

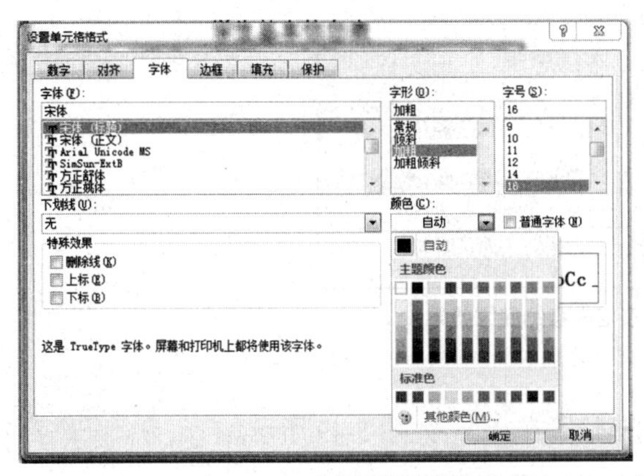

图 5-43　字体颜色为白色

	A	B	C	D	E	F	G
1	学生基本信息表						
2	编号	姓名	性别	生日	籍贯	年龄	
3	1	李平民	男	1989/9/16	山东淄博	26	
4	2	杨再敏	女	1988/10/2	河南郑州	27	
5	3	王毅力	女	1975/2/19	云南昆明	40	
6	4	马石平	男	1975/7/12	云南大理	40	
7	5	胡定坤	男	1965/12/3	安徽合肥	50	
8					平均年龄	37	

图 5-44　设置表格列标头的底纹最终效果

（13）设置表格内容的底纹

① 单击第 3 行的行标，然后按住 Ctrl 键，单击第 5 行、第 7 行的行标，实现选定编号为 1,3,5 的记录，效果如图 5-45 所示。

② 设置其背景颜色为天蓝色，如图 5-46 所示。

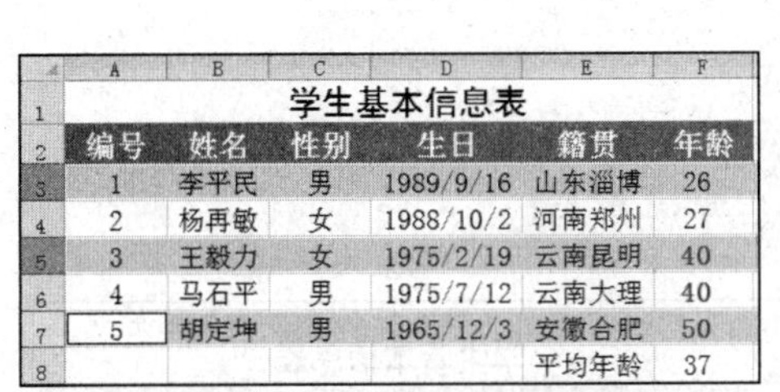

	A	B	C	D	E	F
1	学生基本信息表					
2	编号	姓名	性别	生日	籍贯	年龄
3	1	李平民	男	1989/9/16	山东淄博	26
4	2	杨再敏	女	1988/10/2	河南郑州	27
5	3	王毅力	女	1975/2/19	云南昆明	40
6	4	马石平	男	1975/7/12	云南大理	40
7	5	胡定坤	男	1965/12/3	安徽合肥	50
8					平均年龄	37

图 5-45　选定编号为 1,3,5 的记录效果

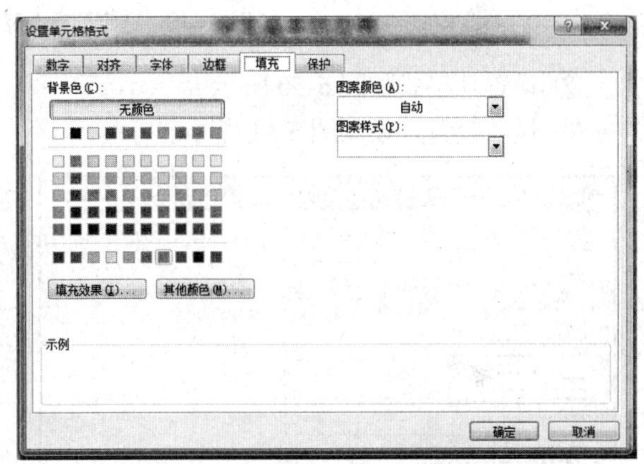

图 5-46　设置背景颜色为天蓝色的方法

③ 选定行号为 2、4，设置其背景颜色为淡蓝，如图 5-47 所示。

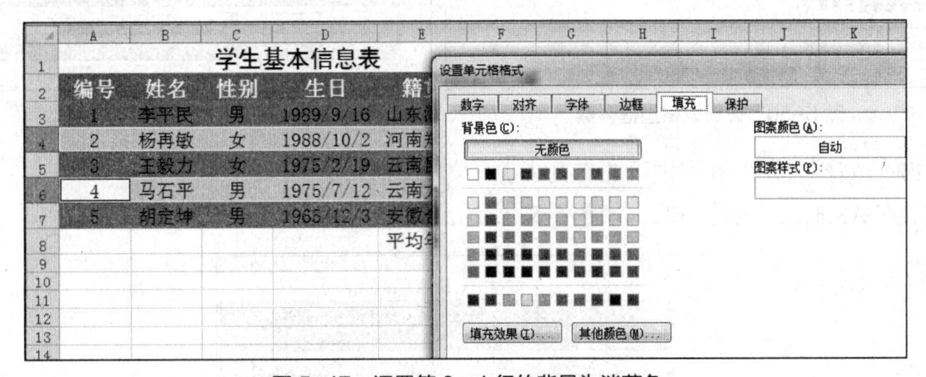

图 5-47　调置第 2、4 行的背景为淡蓝色

④ 最后设置效果如图 5-48 所示。

学生基本信息表					
编号	姓名	性别	生日	籍贯	年龄
1	李平民	男	1989/9/16	山东淄博	26
2	杨再敏	女	1988/10/2	河南郑州	27
3	王毅力	女	1975/2/19	云南昆明	40
4	马石平	男	1975/7/12	云南大理	40
5	胡定坤	男	1965/12/3	安徽合肥	50
				平均年龄	37

图 5-48　设置表格内容的底纹效果

（14）设置表格边框

① 选定列标头及数据区域（不包括平均年龄所在行），如图 5-49 所示。

学生基本信息表					
编号	姓名	性别	生日	籍贯	年龄
1	李平民	男	1989/9/16	山东淄博	26
2	杨再敏	女	1988/10/2	河南郑州	27
3	王毅力	女	1975/2/19	云南昆明	40
4	马石平	男	1975/7/12	云南大理	40
5	胡定坤	男	1965/12/3	安徽合肥	50
				平均年龄	37

图 5-49　选定列标头及数据区域效果

② 设置其格式如图 5-50 所示。

③ 最后设置效果如图 5-51 所示。

图 5-50　设置表格边框参数

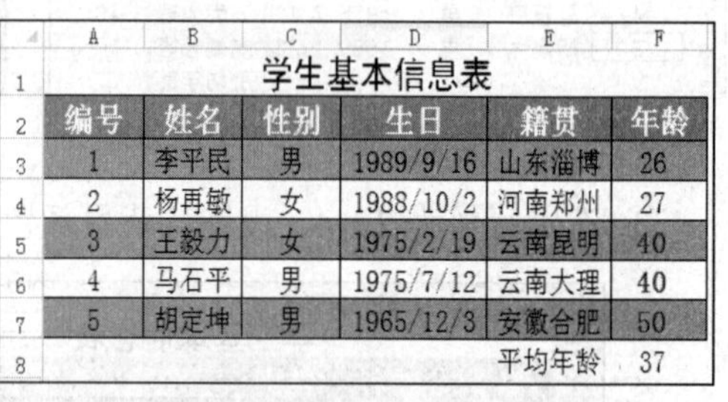

学生基本信息表					
编号	姓名	性别	生日	籍贯	年龄
1	李平民	男	1989/9/16	山东淄博	26
2	杨再敏	女	1988/10/2	河南郑州	27
3	王毅力	女	1975/2/19	云南昆明	40
4	马石平	男	1975/7/12	云南大理	40
5	胡定坤	男	1965/12/3	安徽合肥	50
				平均年龄	37

图 5-51　表格边框设置最终效果

（15）统计年龄在 30 岁以下的有几人。

① 在 A8 输入“小于 30”，如图 5-52 所示。

学生基本信息表					
编号	姓名	性别	生日	籍贯	年龄
1	李平民	男	1989/9/16	山东淄博	26
2	杨再敏	女	1988/10/2	河南郑州	27
3	王毅力	女	1975/2/19	云南昆明	40
4	马石平	男	1975/7/12	云南大理	40
5	胡定坤	男	1965/12/3	安徽合肥	50
小于30				平均年龄	37

图 5-52　在 A8 输入“小于 30”

② 在 B8 单元格输入公式计算年龄小于 30 的人数，如图 5-53 所示。

③ 计算效果如图 5-54 所示。

	A	B	C	D	E	F
1		学生基本信息表				
2	编号	姓名	性别	生日	籍贯	年龄
3	1	李平民	男	1989/9/16	山东淄博	26
4	2	杨再敏	女	1988/10/2	河南郑州	27
5	3	王毅力	女	1975/2/19	云南昆明	40
6	4	马石平	男	1975/7/12	云南大理	40
7	5	胡定坤	男	1965/12/3	安徽合肥	50
8	=COUNTIF(F2:F7, "<30")				平均年龄	37

图 5-53　计算年龄小于 30 的公式

	A	B	C	D	E	F
1		学生基本信息表				
2	编号	姓名	性别	生日	籍贯	年龄
3	1	李平民	男	1989/9/16	山东淄博	26
4	2	杨再敏	女	1988/10/2	河南郑州	27
5	3	王毅力	女	1975/2/19	云南昆明	40
6	4	马石平	男	1975/7/12	云南大理	40
7	5	胡定坤	男	1965/12/3	安徽合肥	50
8	小于30	2			平均年龄	37

图 5-54　年龄小于 30 的人数计算结果

（16）计算男女比例

① 在 C8 输入“男女比例”，如图 5-55 所示。

② 在 D8 输入计算男女比例的公式，如图 5-56 所示。

	A	B	C	D	E	F
1		学生基本信息表				
2	编号	姓名	性别	生日	籍贯	年龄
3	1	李平民	男	1989/9/16	山东淄博	26
4	2	杨再敏	女	1988/10/2	河南郑州	27
5	3	王毅力	女	1975/2/19	云南昆明	40
6	4	马石平	男	1975/7/12	云南大理	40
7	5	胡定坤	男	1965/12/3	安徽合肥	50
8	小于30	2	男女比例		平均年龄	37

图 5-55　在 C8 输入“男女比例”效果

	A	B	C	D	E	F
1		学生基本信息表				
2	编号	姓名	性别	生日	籍贯	年龄
3	1	李平民	男	1989/9/16	山东淄博	26
4	2	杨再敏	女	1988/10/2	河南郑州	27
5	3	王毅力	女	1975/2/19	云南昆明	40
6	4	马石平	男	1975/7/12	云南大理	40
7	5	胡定坤	男	1965/12/3	安徽合肥	50
8	小于30	=COUNTIF(C3:C7,"=男")/COUNTIF(C3:C7,"=女")				

图 5-56　输入计算男女比例的公式

③ 计算男女比例的结果如图 5-57 所示。

	A	B	C	D	E	F
1				学生基本信息表		
2	编号	姓名	性别	生日	籍贯	年龄
3	1	李平民	男	1989/9/16	山东淄博	26
4	2	杨再敏	女	1988/10/2	河南郑州	27
5	3	王毅力	女	1975/2/19	云南昆明	40
6	4	马石平	男	1975/7/12	云南大理	40
7	5	胡定坤	男	1965/12/3	安徽合肥	50
8	小于30	2	男女比例	1.5	平均年龄	37

图 5-57　计算男女比例的结果

（17）设置最后一行的底纹为橙色，如图 5-58 所示。

	A	B	C	D	E	F
1				学生基本信息表		
2	编号	姓名	性别	生日	籍贯	年龄
3	1	李平民	男	1989/9/16	山东淄博	26
4	2	杨再敏	女	1988/10/2	河南郑州	27
5	3	王毅力	女	1975/2/19	云南昆明	40
6	4	马石平	男	1975/7/12	云南大理	40
7	5	胡定坤	男	1965/12/3	安徽合肥	50
8	小于30	2	男女比例	1.5	平均年龄	37

图 5-58　设置最后一行的底纹为橙色效果

按要求完成题目。

根据 2011 年云南省部分县区的 GDP 数据制作统计表格，要求统计出平均 GDP、总 GDP 和每个县区总量的百分数。需要进行必要的排序，字体、边框底纹的设置。使用条件格式将 GDP 在 550 亿元以上的用红色加粗显示出来。

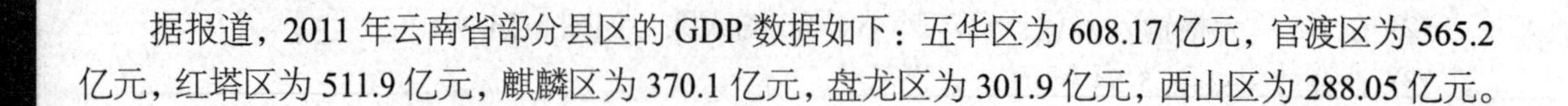

据报道，2011 年云南省部分县区的 GDP 数据如下：五华区为 608.17 亿元，官渡区为 565.2 亿元，红塔区为 511.9 亿元，麒麟区为 370.1 亿元，盘龙区为 301.9 亿元，西山区为 288.05 亿元。

五、思考题

1. 用公式和函数进行数据计算有什么异同？试着将练习中出现的函数计算用公式表达，将出现的公式计算用函数表达。

2. 请在 Word 中对这些数据进行处理，并说出 Microsoft Excel 2010 和 WPS 表格软件的在处理数据方面的优劣。

PART 5-2

实验 5–2 电子表格制作规范与方法实验二

一、实验目的

（1）掌握电子表格制作的规范和方法。

（2）掌握电子表格的数据处理方法。

（3）掌握电子表格的图形化表达方法。

（4）强化学生使用电子表格处理数据的意识。

（5）强化学生采用图表表达思想的思维。

二、实验条件要求

（1）硬件：计算机 1 台。

（2）系统环境：Windows 7。

（3）软件：Microsoft Excel 2010 软件或 WPS 表格软件。

三、实验基本知识点

1．图表表达数据

将工作表以图表方式表示，能够更快地理解和说明工作表数据，图表能将工作表中的一行行的数字变为非常直观的图形格式，并且从图表上很容易看出数据变化的趋势。由于图表的直观性，因此在 Excel 中应用极广。Excel 提供多种样式的图表给用户使用，如柱形图、条形图、折线图、饼图、面积图等基本图表方式，每一种方式又有几种简单的变化样式。选择图表类型取决于数据及如何表示数据。下面介绍几种最常用的图表类型及使用范围。

2．图表类型

（1）条形图：显示特定时间内有关项目的变化情况，或者用于对各项进行比较。条形图的分类位于纵轴，主要强调项目之间的比较而淡化时间的变化。

（2）柱形图：柱形图用于显示一段时期内数据的变化或者不同项目之间的比较，分类项水平组织，数值项垂直组织，与条形图类似。

（3）饼图与圆环图：饼图用于显示部分与整体的关系及其所占的比例。饼图通常只包含一个数据系列，用于强调重要的元素。例如，想要知道当前产品的销售数量占预计总销售量的百分比，可以用饼图。圆环图作用类似，只是它可表示多个数据序列。

（4）折线图：折线图以等间隔显示数据的变化趋势，即数据在相等的时间间隔内的变化趋势和改变。比如反映一个学生某门课每学期成绩变化的图形。

（5）面积图：面积图通常通过显示所绘数据的总和，说明各部分相对于整体的变化。

3．插入图表

可以通过选择“插入”菜单中的“图表”命令或单击常用工具栏的“图表向导”按钮进行图表的插入。

4．排序

一般情况下，用户在创建清单初期所输入的数据，不会安排输入的先后顺序，但在查询数据时，为了提高效率和速度，需要将清单的内容加以整理，排序是最为有效的方式。用户可以根据一列或数列中的数值对数据清单进行排序。排序时，利用列或指定的排序顺序重新设置行、列以及各单元格。排序的方法主要有以下两种。

（1）快速排序。如果要快速根据一列的数据对数据行排序，可以按照以下步骤进行。

① 数据清单中单击所要排序字段的任意一个单元格内。

②单击“排序和筛选”选项，如果要按升序排序，在下拉菜单中单击“升序”按钮 A↓Z。如果要按降序排序，单击“降序”按钮 Z↓A。数据清单的记录就会按要求重新排序。

（2）复杂排序。当所排序的字段出现相同项时，可以使用 Excel 提供的自定义排序方法进行排序。具体操作步骤如下。

① 选定需要排序的数据清单中的任一单元格。

② 选择菜单中的“排序和筛选”选项，选择“排序”选项，弹出排序对话框，如图 5-59 所示。

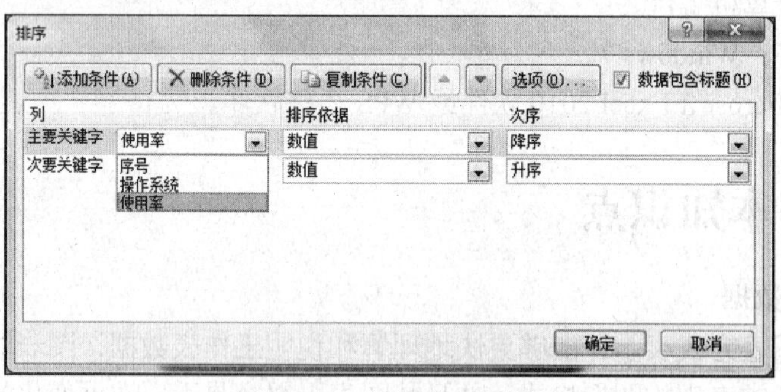

图 5-59 “排序”对话框

③ 单击“主要关键字”列表框右边的向下箭头，从下拉列表中选择想排序的字段名。

④ 选择“排列依据”、“次序”选项确定排序的方式。

⑤ 如果要以多列的数据作为排序依据，可以单击“添加条件”选项，继续选择想排序的字段名。对于特别复杂的数据清单，还可以继续添加“次主要关键字”选择想排序的字段名。

⑥ 为了防止数据清单的标题也被参加排序，请选择“排序”窗口中“数据包含标题”选项。

⑦ 单击“确定”按钮，即可对数据清单进行排序。

四、实验步骤

按要求完成下列操作。

根据2012年9月操作系统的使用情况的文字描述，以表格的形式将其表达出来，并在表格的基础上以饼图的形式展示表格中的数据。

据国外媒体报道，网络广告商Chitika研究部门Chitika Insights近日发布图表报告统计了2011年9月操作系统的使用情况。从这份统计报告数据看，微软Windows系统9月的使用率为77.7%，苹果Mac OS X操作系统占10.6%，苹果手机操作系统iOS市场份额为5.2%，谷歌Android操作系统市场份额为3.3%，而Linux为2.3%，其他操作系统为0.9%。

1．建立数据表格

第一步，分析以上文本，提取关键信息，建立图5-60所示的表格结构。

第二步，输入操作系统名称及使用率，如图5-61所示。

第三步，利用自动填充功能为每种操作系统编一个序号，最终效果如图5-62所示。

	A	B	C
1	序号	操作系统	使用率
2			
3			
4			
5			
6			

图5-60 提取关键信息的表格结构

	A	B	C
1	序号	操作系统	使用率
2		Windows	0.777
3		Linux	0.023
4		MacOS X	0.106
5		iOS	0.052
6		Android	0.033
7		其他	0.009

图5-61 提取的文本信息数据

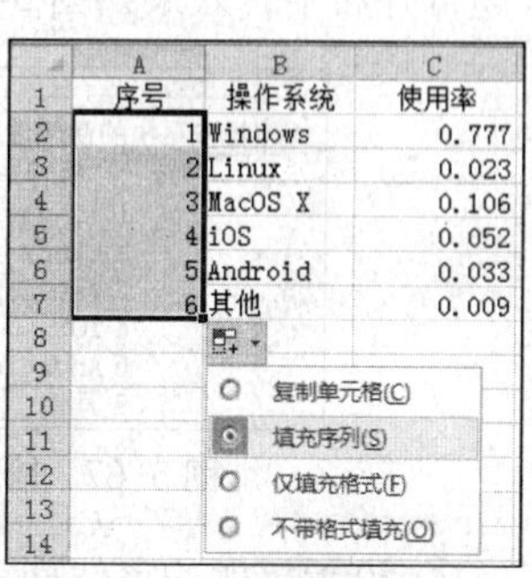

	A	B	C
1	序号	操作系统	使用率
2	1	Windows	0.777
3	2	Linux	0.023
4	3	MacOS X	0.106
5	4	iOS	0.052
6	5	Android	0.033
7	6	其他	0.009

图5-62 序号编写最终效果

第四步，设置使用率为百分数的显示格式。

① 选中操作系统“使用率”数据列。

② 设置单元格格式。在单元格格式的数字选项卡中选择百分比，在小数位数中设计为1位小数，如图5-63所示。

③ 操作系统使用率格式设置结果，如图5-64所示。

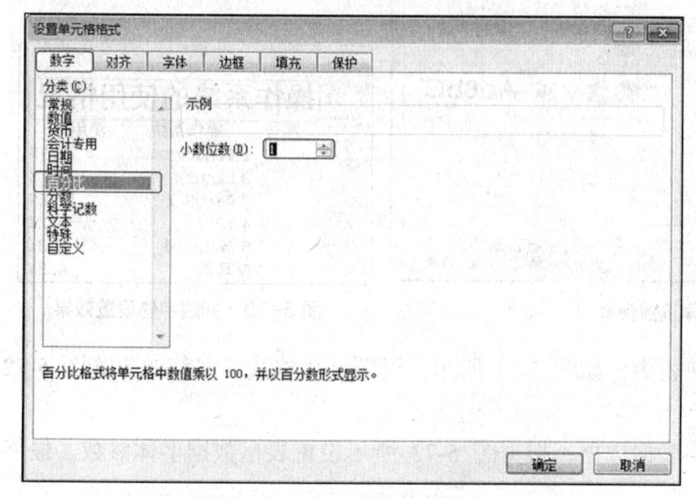

图5-63 操作系统使用率格式设置

	A	B	C
1	序号	操作系统	使用率
2	1	Windows	77.7%
3	2	Linux	2.3%
4	3	MacOS X	10.6%
5	4	iOS	5.2%
6	5	Android	3.3%
7	6	其他	0.9%

图5-64 操作系统使用率格式设置结果

第五步，为表格插入标题。

① 插入空行。选中第一行，在插入菜单中选择“插入工作表行”，如图 5-65 所示，插入效果如图 5-66 所示。

图 5-65　插入行方法

	A	B	C
1			
2	序号	操作系统	使用率
3	1	Windows	77.7%
4	2	Linux	2.3%
5	3	MacOS X	10.6%
6	4	iOS	5.2%
7	5	Android	3.3%
8	6	其他	0.9%

图 5-66　插入标题行效果

② 在空行的第一个单元格输入标题，如图 5-67 所示。

③ 将标题合并居中。选中刚输入的标题区域（A1:C1），然后单击“合并及居中”按钮将标题合并居中，效果如图 5-68 所示。

	A	B	C
1	操作系统的使用情况		
2	序号	操作系统	使用率
3	1	Windows	77.7%
4	2	Linux	2.3%
5	3	MacOS X	10.6%
6	4	iOS	5.2%
7	5	Android	3.3%
8	6	其他	0.9%

图 5-67　输入标题效果

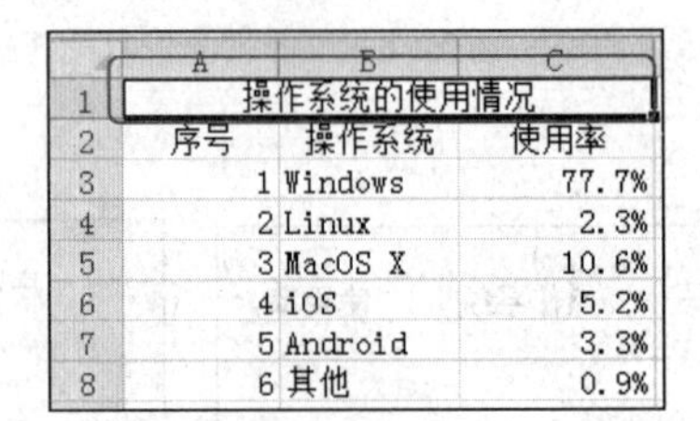

	A	B	C
1	操作系统的使用情况		
2	序号	操作系统	使用率
3	1	Windows	77.7%
4	2	Linux	2.3%
5	3	MacOS X	10.6%
6	4	iOS	5.2%
7	5	Android	3.3%
8	6	其他	0.9%

图 5-68　标题合并居中效果

④ 设置标题的字体格式。选中标题，在设置单元格格式中设置标题的格式，参数如图 5-69 所示，最终效果如图 5-70 所示。

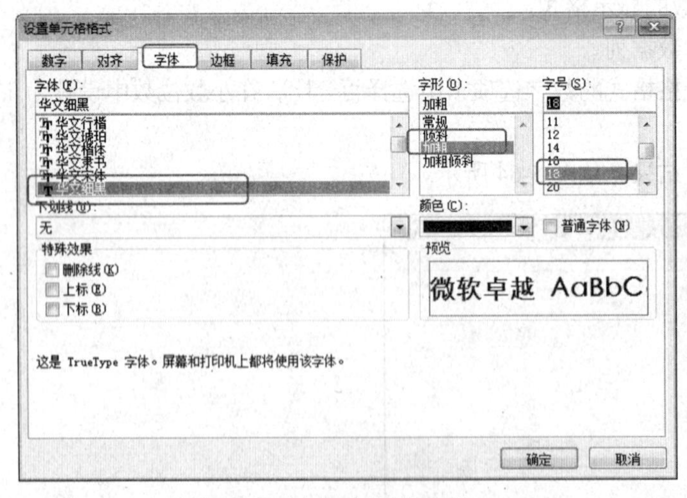

图 5-69　标题字体设置参数

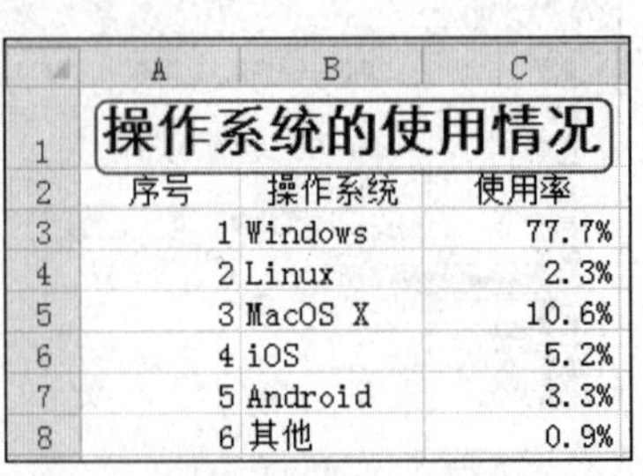

	A	B	C
1	操作系统的使用情况		
2	序号	操作系统	使用率
3	1	Windows	77.7%
4	2	Linux	2.3%
5	3	MacOS X	10.6%
6	4	iOS	5.2%
7	5	Android	3.3%
8	6	其他	0.9%

图 5-70　标题字体设置效果

⑤ 设置列表头格式。选中列表头，如图 5-71 所示，设置字体格式，最终效果如图 5-72 所示。

⑥ 设置表格数据格式。选中表格数据，根据图 5-73 所示设置表格数据字体参数，最终效果如图 5-74 所示。

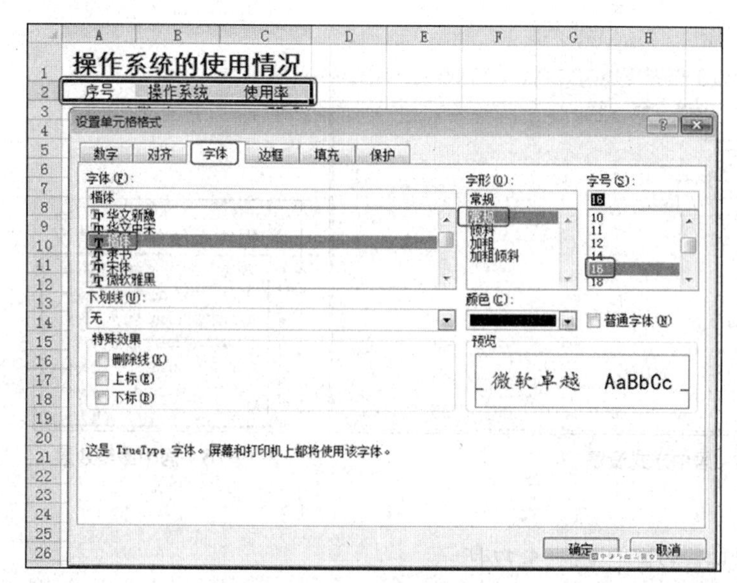

图 5-71　列标头字体设置参数

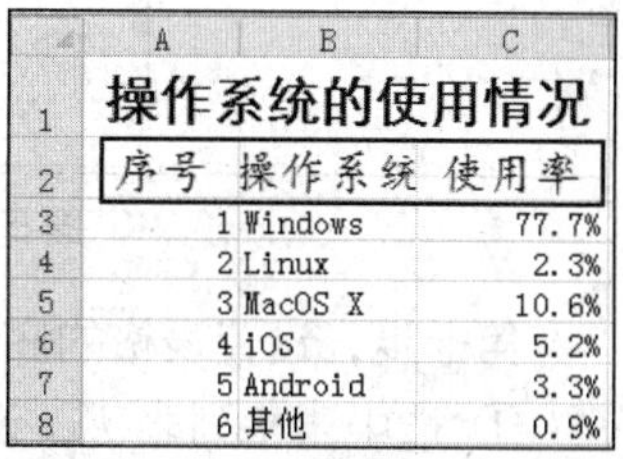

	A	B	C
1	操作系统的使用情况		
2	序号	操作系统	使用率
3	1	Windows	77.7%
4	2	Linux	2.3%
5	3	MacOS X	10.6%
6	4	iOS	5.2%
7	5	Android	3.3%
8	6	其他	0.9%

图 5-72　列标头字体设置效果

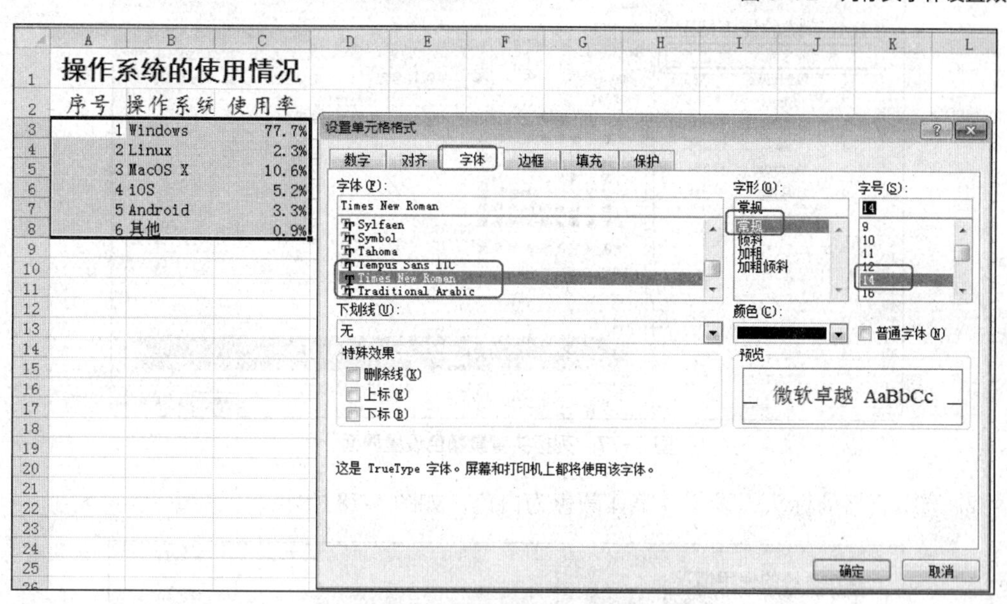

图 5-73　表格数据字体格式设置参数

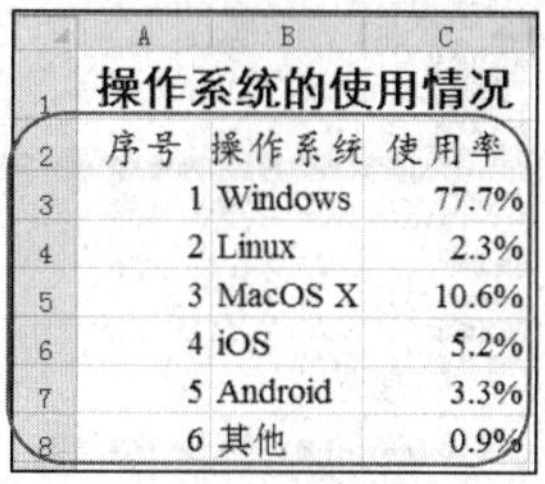

	A	B	C
1	操作系统的使用情况		
2	序号	操作系统	使用率
3	1	Windows	77.7%
4	2	Linux	2.3%
5	3	MacOS X	10.6%
6	4	iOS	5.2%
7	5	Android	3.3%
8	6	其他	0.9%

图 5-74　表格数据字体格式设置最终效果

第六步，设置表格的对齐方式。选中列表头和表格数据，在设置单元格格式的对齐选项卡中设置表格数据水平对齐和垂直对齐方式均为居中，如图 5-75 所示，最终效果如图 5-76 所示。

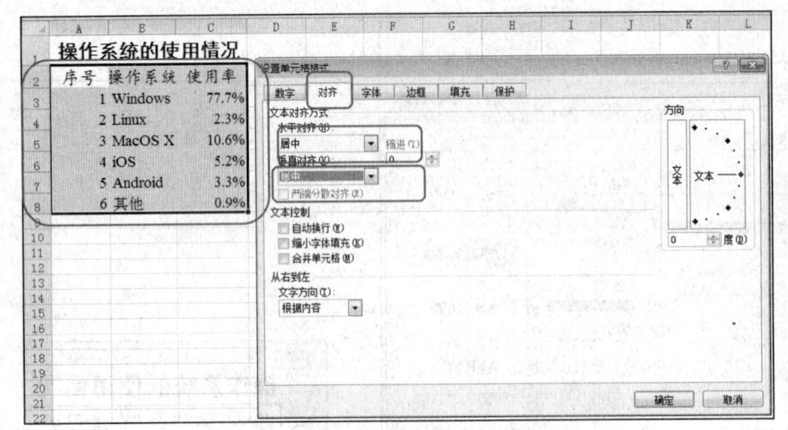

图 5-75　居中方式设置

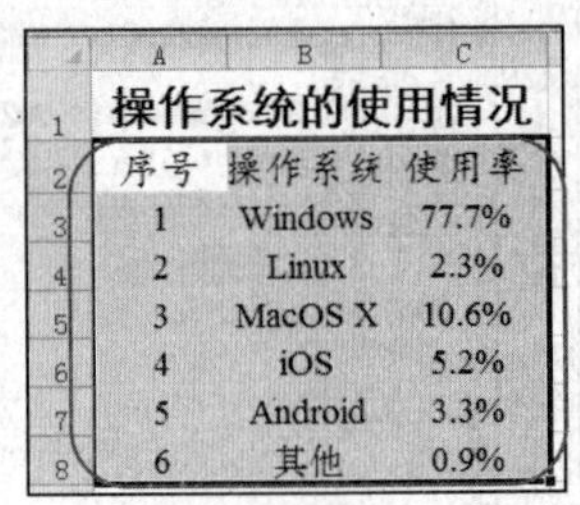

操作系统的使用情况		
序号	操作系统	使用率
1	Windows	77.7%
2	Linux	2.3%
3	MacOS X	10.6%
4	iOS	5.2%
5	Android	3.3%
6	其他	0.9%

图 5-76　居中最终效果

第七步，设置表格的底纹。

① 选中表格列表头，设置其背景颜色如图 5-77 所示。

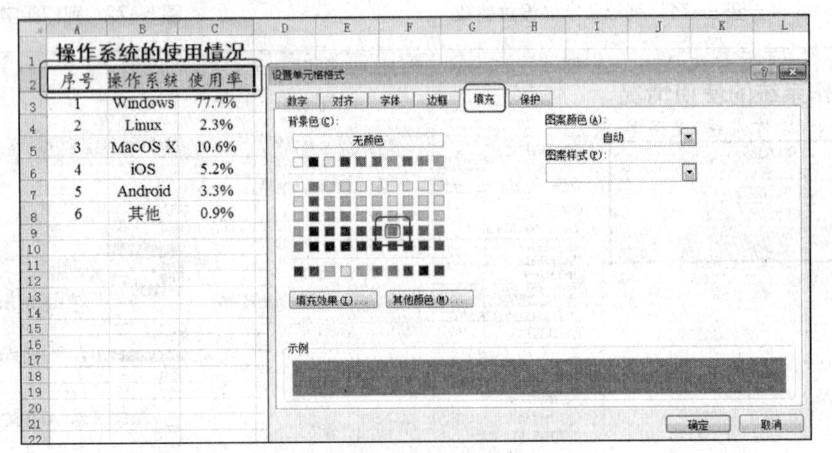

图 5-77　列标头背景颜色设置界面

② 选中表格列标头，设置其字体颜色为白色，如图 5-78 所示。

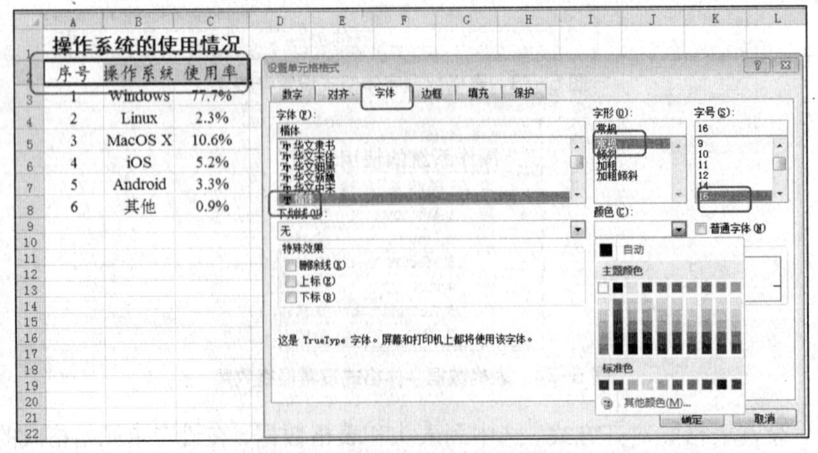

图 5-78　列标头字体颜色设置界面

③ 选中第 3、5、7 行，设置其背景颜色如图 5-79 所示。

④ 选中第 4、6、8 行，设置其背景颜色如图 5-80 所示。

第八步，设置表格的边框，参数及步骤如图 5-81 所示。

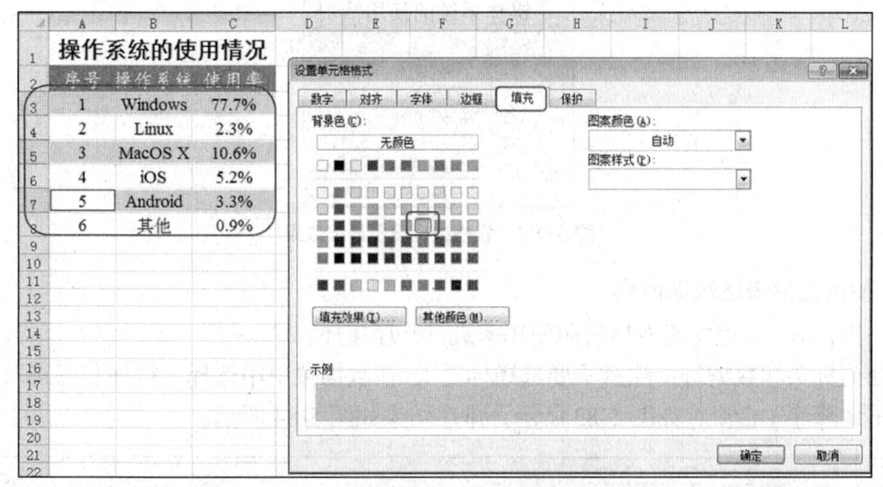

图 5-79 第 3、5、7 行背景颜色设置界面

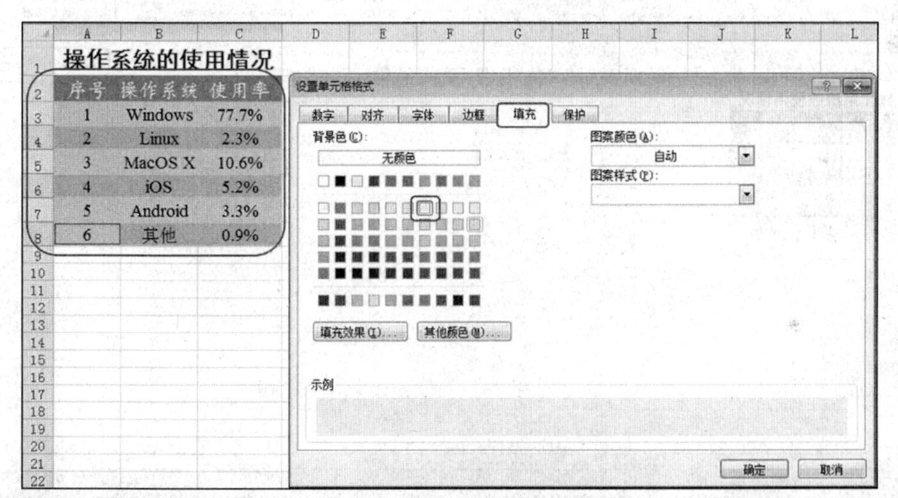

图 5-80 第 4、6、8 行背景颜色设置界面

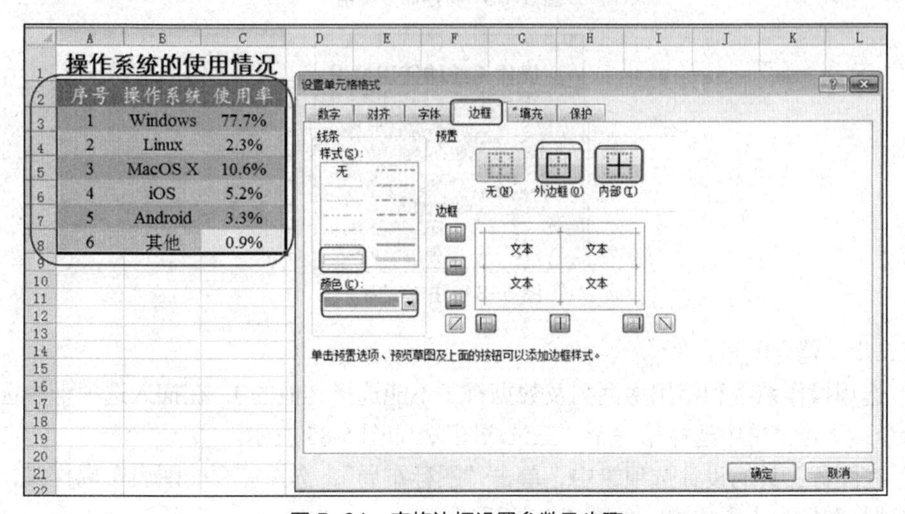

图 5-81 表格边框设置参数及步骤

第九步，表格边框设置最终效果如图 5-82 所示。

操作系统的使用情况		
序号	操作系统	使用率
1	Windows	77.7%
2	Linux	2.3%
3	MacOS X	10.6%
4	iOS	5.2%
5	Android	3.3%
6	其他	0.9%

图 5-82　表格边框设置最终效果

2．使用图形表达数据内容

第一步，对 1.1 建立的表格按照使用率进行升序排序。

选择列标头和数据行（注意不要选择标题），在数据菜单中选择“排序和筛选”，下拉菜单中单击“降序”命令，如图 5-83 所示，排序结果如图 5-84 所示。

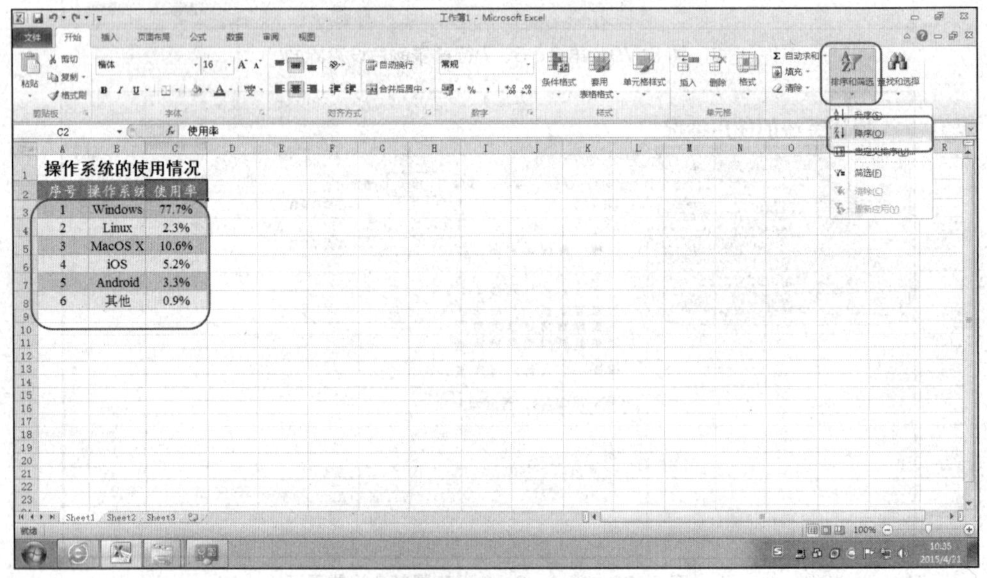

图 5-83　排序命令调用

操作系统的使用情况		
序号	操作系统	使用率
1	Windows	77.7%
3	MacOS X	10.6%
4	iOS	5.2%
5	Android	3.3%
2	Linux	2.3%
6	其他	0.9%

图 5-84　排序结果

第二步，建立图表。

① 选用操作系统和使用率两列及数据行（不能选择其他的），在插入选项卡中选择“饼图”命令，下拉菜单中选择第一个“三维饼图”，如图 5-85 所示。

② 在图标工具的设计选项卡中，单击“图标布局”，选择需要的图表布局样式，添加标题，并调整图标大小和位置，如图 5-86 所示。

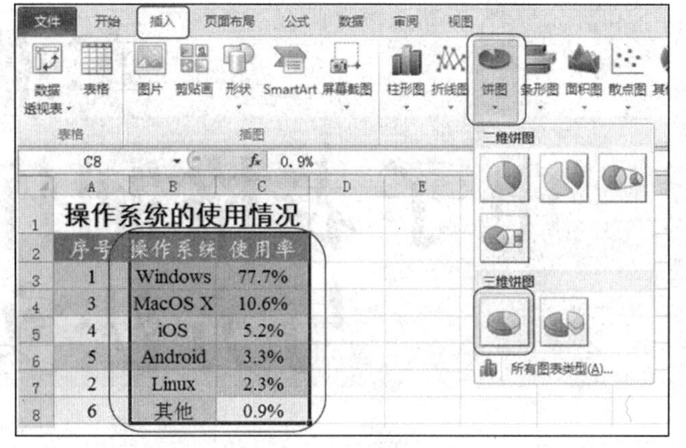

图 5-85 插入图表方法

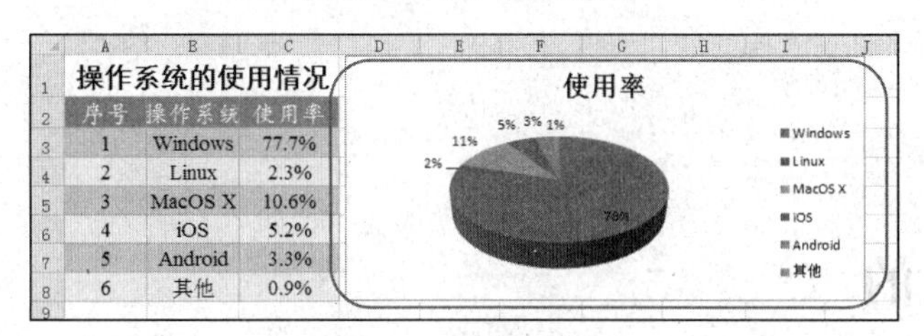

图 5-86 图表最终效果

按要求完成题目。

将以下描述的 2012 年福布斯排行榜，使用表格和图的形式表达出来，并设置一定的格式。

2012 年，福布斯亿万富翁排行榜的前五位分别是：比尔 · 盖茨 610 亿美元，沃伦 · 巴菲特 440 亿美元，卡洛斯 · 斯利姆及其家族 690 亿美元，阿曼西奥 · 奥特加 375 亿美元，伯纳德 · 阿诺特 410 亿美元。

五、思考题

1. 分析比较使用文字描述和图表表达的效果，并指出各自的优缺点。
2. 请查阅资料，分析常用图表的类型及各自的使用场景。

PART 5-3 实验 5-3 电子表格制作规范与方法实验三

一、实验目的

（1）掌握分类汇总功能的实验。

（2）掌握 Rank 函数的使用。

（3）掌握 Frequency 函数的使用。

（4）熟悉 Visual Basic 编辑器的使用。

二、实验条件要求

（1）硬件：计算机 1 台。

（2）系统环境：Windows 7。

（3）软件：Microsoft Office Excel 2010 软件或 WPS 表格软件。

三、实验基本知识点

1．分类汇总的使用方法

首先，按照分类关键字进行排序（如学号）。其次，在“数据”菜单中选择“分类汇总”命令，在分类汇总对话框中选定分类字段（如学号）、汇总方式（如平均）和汇总项（如成绩）就可以完成分类汇总操作。

2．RANK 函数的语法

Rank 函数的语法：RANK(Numer,Ref,[Order])

功能：rank 函数是排名函数，求某一个数值在某一区域内的排名。

参数说明：Number 代表需要排序的数值；Ref 代表排序数值所处的单元格区域；Order 代表排序方式参数（如果为“0”或者忽略，则按降序排名，即数值越大，排名结果数值越小；如果为非“0”值，则按升序排名，即数值越大，排名结果数值越大）。

3．FREQUENCY 函数语法

其语法如表 5-1 所示。

表 5-1 FREQUENCY 函数语法

FREQUENCY	描述
函数功能	以一列垂直数组返回某个区域中数据的频率分布。例如，使用函数 FREQUENCY 可以计算在给定的分数范围内测验分数的个数。由于函数 FREQUENCY 返回一个数组，所以必须以数组公式的形式输入
表达式	FREQUENCY(data_array,bins_array)
参数含义	Data_array 为一数组或对一组数值的引用，用来计算频率。如果 data_array 中不包含任何数值，函数 FREQUENCY 返回零数组。Bins_array 为间隔的数组或对间隔的引用，该间隔用于对 data_array 中的数值进行分组。如果 bins_array 中不包含任何数值，函数 FREQUENCY 返回 data_array 中元素的个数
说明	在选定相邻单元格区域（该区域用于显示返回的分布结果）后，函数 FREQUENCY 应以数组公式的形式输入。返回的数组中的元素个数比 bins_array（数组）中的元素个数多 1。返回的数组中所多出来的元素表示超出最高间隔的数值个数。例如，如果要计算输入 3 个单元格中的 3 个数值区间（间隔），请一定在 4 个单元格中输入 FREQUENCY 函数计算的结果。多出来的单元格将返回 data_array 中大于第三个间隔值的数值个数。函数 FREQUENCY 将忽略空白单元格和文本。对于返回结果为数组的公式，必须以数组公式的形式输入

4．Visual Basic 编辑器

VBA 是 Visual Basic for Application 的缩写，是一种应用程序自动化语言。所谓应用程序自动化，是指通过程序或者脚本让应用程序自动化完成一些工作，如在 Excel 里自动设置单元格的格式、给单元格充填某些内容、自动计算等。

打开 VBA 的方法：通过“工具→宏→VISUAL BASIC 编辑器”或者通过快捷键“Alt + F11”。

每一个 Excel 文件，在 VBA 下，都称为一个工程，如果你同时打开了多个 Excel 文件，则在 VBA IDE 下可以看到有多个工程存在。每个 Excel 文件（工作簿）对应的 VBA 工程都有 4 类对象，包括 Microsoft Excel 对象、窗体、模块、类模块，如图 5-87 所示。

图 5-87 VBA Project

Microsoft Excel 对象代表了 Excel 文件及其包括的工作簿和工作表等几个对象，包括所有的 Sheet 和一个 Workbook，分别表示文件（工作簿）中所有的工作表（包括图表），如默认情

况下，Excel 文件包括 3 个 Sheet，在资源管理器窗口就包括 3 个 Sheet，名字分别是各 Sheet 的名字。ThisWorkbook 代表当前 Excel 文件。双击这些对象会打开代码窗口，在此窗口中可输入相关的代码，响应工作簿或者文件的一些事件，如文件的打开、关闭，工作簿的激活、内容修改、选择等。

窗体对象代表了自定义对话框或界面，用于人机对话界面。

模块是自定义代码，包括我们录制的宏等 VBA 代码保存的地方。

类模块是以类或对象的方式编写的代码保存的地方。通过创建类模块，在 VBA 中也可以创建自己的类和对象。

在 VBA 环境下可以定义自己的函数，函数定义的语法是：

```
Function 函数名(参数 1, 参数 2…参数 n)
    语句块
    函数名=返回值
End Function
```

四、实验步骤

下载数据实验数据完成以下操作。

1．统计出每个学生的平均分

要统计出每个学生的平均分，需要用到 Excel 的分类汇总功能。具体操作步骤如下。

（1）根据分类关键字学号进行升序排序。

（2）在“数据”菜单中选择“分类汇总”命令，并进行相关设置，如图 5-88 所示，分类汇总结果如图 5-89 所示。

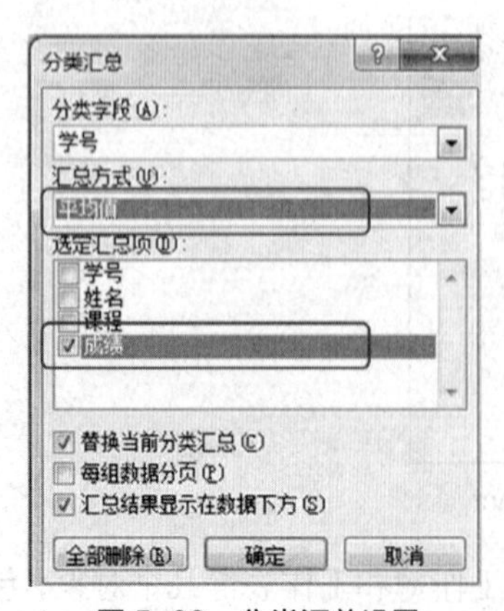

图 5-88　分类汇总设置

	A	B	C	D
1	学号	姓名	课程	成绩
2	20131251001	李小春	大学英语	43.00
3	20131251001	李小春	高等数学	46.00
4	20131251001	李小春	大学语文	71.00
5	20131251001 平均值			53.33
6	20131251002	杨志成	高等数学	42.00
7	20131251002	杨志成	大学语文	86.00
8	20131251002	杨志成	电路基础	96.00
9	20131251002 平均值			74.67
10	20131251003	刘海洋	大学英语	42.00
11	20131251003	刘海洋	大学语文	83.00
12	20131251003	刘海洋	软件技术	88.00
13	20131251003 平均值			71.00
14	20131251004	黄晓清	大学英语	44.00
15	20131251004	黄晓清	大学语文	56.00
16	20131251004	黄晓清	软件技术	89.00
17	20131251004 平均值			63.00
18	20131251005	马春花	大学语文	65.00
19	20131251005	马春花	电路基础	72.00
20	20131251005	马春花	大学英语	82.00
21	20131251005 平均值			73.00
22	20131251006	刘志强	大学英语	42.00
23	20131251006	刘志强	大学语文	53.00
24	20131251006	刘志强	法律基础	71.00
25	20131251006	刘志强	计算机基础	90.00
26	20131251006 平均值			64.00
27	20131251007	黄依萍	法律基础	48.00
28	20131251007	黄依萍	大学语文	60.00
29	20131251007	黄依萍	大学英语	61.00
30	20131251007 平均值			56.33
31	20131251008	王正明	高等数学	78.00
32	20131251008	王正明	大学英语	81.00
33	20131251008	王正明	线性代数	84.00
34	20131251008	王正明	大学语文	91.00
35	20131251008 平均值			83.50
36	20131251009	李伟明	电路基础	44.00
37	20131251009	李伟明	大学英语	48.00
38	20131251009	李伟明	大学语文	48.00
39	20131251009	李伟明	网络基础	51.00
40	20131251009	李伟明	物联网技术	66.00
41	20131251009	李伟明	云计算	91.00
42	20131251009 平均值			58.00
43	总计平均值			66.00

图 5-89　分类汇总结果

2．学生成绩排名

在成绩右边增加一个名次列，使用 RANK 函数计算各个学生的排名情况，具体操作步骤如下。

（1）将第一步的汇总结果复制到 Sheet2 工作表中，只保留学号和成绩两项内容，并将数字设置为保留两位小数，字体设置为不加粗。在成绩右边增加名次字段，如图 5-90 所示。

	A	B	C
1	学号	成绩	名次
2	20131251001	53.33	
3	20131251002	74.67	
4	20131251003	71.00	
5	20131251004	63.00	
6	20131251005	73.00	
7	20131251006	64.00	
8	20131251007	56.33	
9	20131251008	83.50	
10	20131251009	58.00	

图 5-90　学生成绩

（2）在 C2 中输入公式 Rank(B2,$B$2:$B$10)，然后回车即可求出 20131251001 同学的成绩名次。最后通过自动填充功能求出其他学生的名次，结果如图 5-91 所示。

C2　　fx　=RANK(B2,B$2:B$10)

	A	B	C
1	学号	成绩	名次
2	20131251001	53.33	9
3	20131251002	74.67	2
4	20131251003	71.00	4
5	20131251004	63.00	6
6	20131251005	73.00	3
7	20131251006	64.00	5
8	20131251007	56.33	8
9	20131251008	83.50	1
10	20131251009	58.00	7

图 5-91　学生成绩排名结果

3．学生成绩分布统计

根据实验数据 Sheet3 工作表中的数据统计学生成绩分布统计。实现该功能需要用到 Excel 中的函数 Frequency，具体操作步骤如下。

（1）建立学生成绩统计分布区段表。

由于学生成绩保留两位小数，因此，在 D3:D6 内输入的学生成绩统计分数段为：99.99、89.99、79.99、69.99、59.99，整个表的结构及样式如图 5-92 所示。

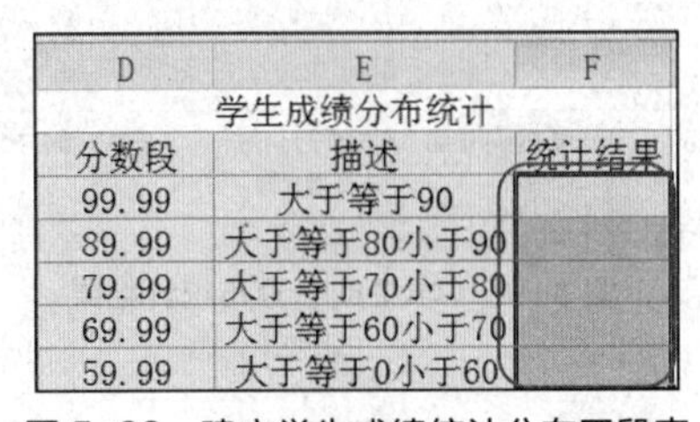

D	E	F
学生成绩分布统计		
分数段	描述	统计结果
99.99	大于等于90	
89.99	大于等于80小于90	
79.99	大于等于70小于80	
69.99	大于等于60小于70	
59.99	大于等于0小于60	

图 5-92　建立学生成绩统计分布区段表

（2）输入学生成绩分布统计函数。用鼠标选择区域 F3 至 F7，在编辑栏内输入“=FREQUENCY ($C$2:$C$14,D3:D7)”，如图 5-93 所示。

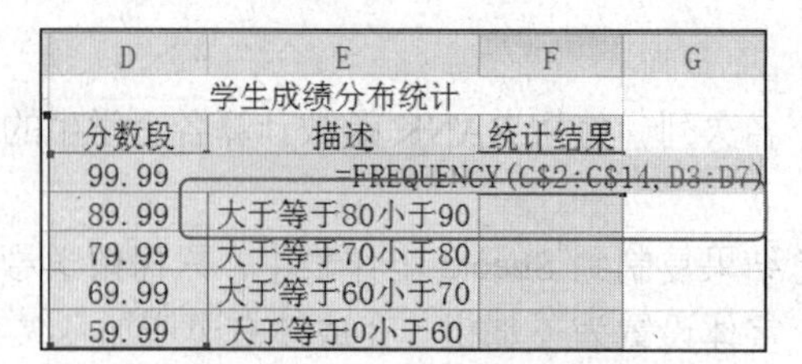

D	E	F	G
学生成绩分布统计			
分数段	描述	统计结果	
99.99	=FREQUENCY(C$2:C$14,D3:D7)		
89.99	大于等于80小于90		
79.99	大于等于70小于80		
69.99	大于等于60小于70		
59.99	大于等于0小于60		

图 5-93　统计函数输入

（3）完成后 F3:F7 将显示如图 5-94 所示的分数分布情况。

D	E	F
学生成绩分布统计		
分数段	描述	统计结果
99.99	大于等于90	1
89.99	大于等于80小于90	2
79.99	大于等于70小于80	4
69.99	大于等于60小于70	4
59.99	大于等于0小于60	2

图 5-94　学生成绩分布统计结果

（4）建立学生成绩分布结果统计图。根据描述和统计结果使用图表功能建立图 5-95 所示的图表。要求如下：

① 图表类型选择“数据点折线图”；

② 图表标题为“学生成绩分布统计”；

③ 分类（X）轴为“分数区段”；

④ 数值（Y）轴为“学生个数”；

⑤ 网格线只设置“分类（X）轴”的“主要网格线”，其他都不设置；

⑥ 不显示图例；

⑦ 数据标志选择值；

⑧ 设置数据系列格式的线形为红色，平滑线；数据标志的样式设置为菱形，前景色和背景色设置为黄色；

⑨ 设置绘图区格式的边框和区域的背景均设置为白色。

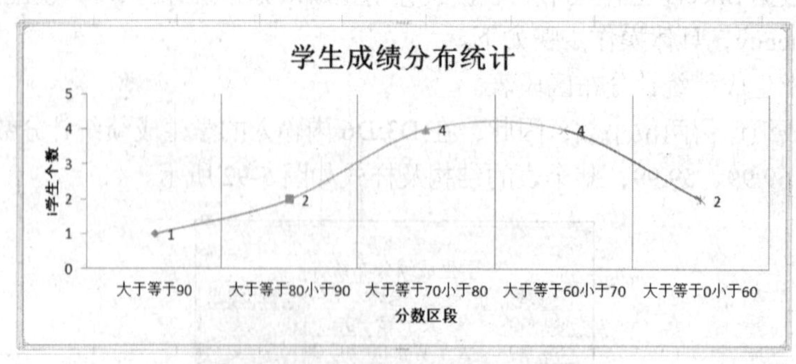

图 5-95　学生成绩分布统计结果

提示：

进行格式设置时，可以试试在需要设置的区域右键，看看有没有设置选项。

4．使用宏为各个学生的成绩进行等级评定

要求根据学生的成绩对学生成绩等级评定具体要求如表 5-2 所示。

表 5-2　学生成绩定级标准

编号	条件	级别
1	成绩大于等于 90	优秀
2	成绩大于等于 80 并且小于 90	良好
3	成绩大于等于 70 并且小于 80	中等
4	成绩大于等于 60 并且小于 70	及格
5	成绩小于 60	补考

（1）复制实验需要的学生成绩数据。在实验数据工作簿中建立工作表 Sheet4，并将 Sheet3 中的学号和成绩复制到 Sheet4。

（2）打开 Visual Basic 编辑器。在工具栏中选择“宏”命令，在弹出的下级菜单中选择“Visual Basic 编辑器”，如图 5-96 所示。

（3）编写成绩等级评定函数 grade。在“插入”菜单中选择“模块”，并建立图 5-97 所示的函数，并保存关闭“Visual Basic 编辑器”。

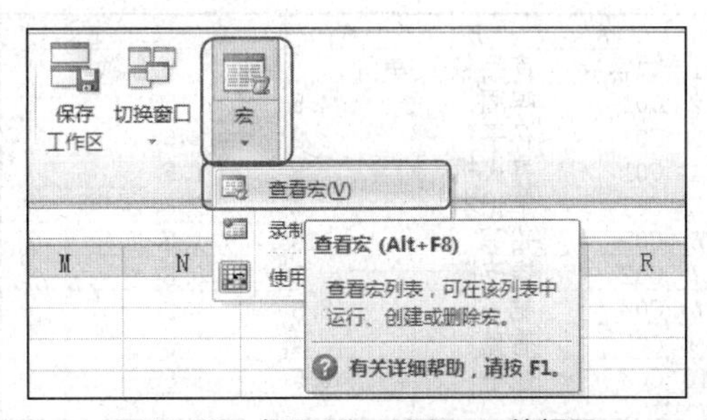

图 5-96　打开 Visual Basic 编辑器

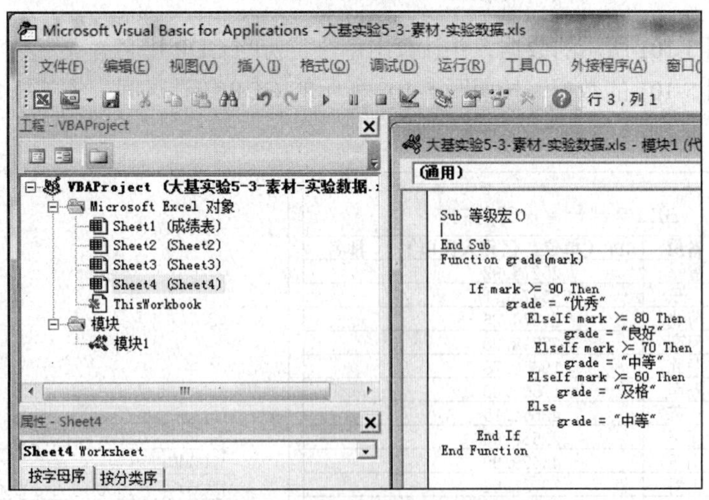

图 5-97　建立成绩等级评定函数

（4）调用第（3）步编写的成绩等级评定函数 grade。在 Sheet4 的 C1 单元格输入等级，然后在 C2 中输入公式“=grade(B2)”并回车，将得到第一个学生的成绩等级，然后通过自动填充功能计算出其他学生的成绩等级，调用函数 grade 的方法如图 5-98 所示，统计结果如图 5-99 所示。

	A	B	C	D
1	学号	成绩	等级	
2	20130251009	85.00	=grade(B2)	
3	20131251001	53.33		
4	20131251002	74.67		
5	20131251003	71.00		
6	20131251004	63.00		
7	20131251005	73.00		
8	20131251006	64.00		
9	20131251007	66.00		
10	20131251008	90.00		
11	20131251009	78.00		
12	20131251009	45.00		
13	20131251010	83.00		
14	20131251011	67.00		

图 5-98　成绩等级评定函数 grade 调用方法

	A	B	C
1	学号	成绩	等级
2	20130251009	85.00	良好
3	20131251001	53.33	补考
4	20131251002	74.67	中等
5	20131251003	71.00	中等
6	20131251004	63.00	及格
7	20131251005	73.00	中等
8	20131251006	64.00	及格
9	20131251007	66.00	及格
10	20131251008	90.00	优秀
11	20131251009	78.00	中等
12	20131251009	45.00	补考
13	20131251010	83.00	良好
14	20131251011	67.00	及格

图 5-99　学生成绩评定结果

按要求完成题目。

（1）建立图 5-100 所示的数据，并计算：① 每个顾客购买的每种商品的金额；② 统计出每个顾客购买商品的总金额的合计。

	A	B	C	D	E
1	顾客号	商品名	单价	数量	金额
2	C01	啤酒	4.5	12	
3	C01	杯子	3.2	6	
4	C01	打火机	5	1.5	
5	C02	笔记本	7	2.6	
6	C02	铅笔	15	1.2	
7	C02	橡皮擦	5	0.8	
8	C03	桔子	5.5	12	
9	C03	香蕉	4	3	
10	C03	桃子	4.5	5.5	
11					

图 5-100　顾客购买商品情况

（2）建立图 5-101 所示的数据，并计算出每个省份的 GDP 排名。

（3）利用图 5-101 的数据，按照图 5-102 所示的 GDP 统计区间，统计每个区间内省份的个数。

	A	B	C	D
1	2012年部分省份GDP数据			
2	编号	省份	GDP（单位：亿元人民币）	排名
3	1	福建	25273.92	
4	2	广东	53477.41	
5	3	河北	24674.26	
6	4	河南	27598.98	
7	5	湖北	19650.75	
8	6	湖南	19520.40	
9	7	江苏	48604.15	
10	8	辽宁	22530.00	
11	9	山东	45429.99	
12	10	上海	19731.64	
13	11	四川	21139.27	
14	12	浙江	32000.45	

图 5-101　2012 年部分省份 GDP 数据排名

GDP分段区间	省份数
20000以下	
大于等于20000小于30000	
大于等于30000小于50000	
50000以上	

图 5-102　GDP 统计区间

（4）使用 Visual Basic 编辑器，编写函数 PGrade，根据 GDP 的数值，为每个省份进行分类，分类条件如表 5-3 所示，结果如图 5-103 所示。

表 5-3 省份分类定级标准

编号	条件	级别
1	GDP 在 20000 以下	欠发达
2	GDP 大于等于 2000 小于 30000	较发达
3	GDP 大于等于 30000 小于 50000	发达
4	GDP 在 50000 以上	很发达

	A	B	C	D
1	2012 年部分省份 GDP 数据			
2	编号	省份	GDP（单位：亿元人民币）	分类
3	6	湖南	19520.40	很发达
4	5	湖北	19650.75	欠发达
5	10	上海	19731.64	欠发达
6	11	四川	21139.27	欠发达
7	8	辽宁	22530.00	较发达
8	3	河北	24674.26	较发达
9	1	福建	25273.92	较发达
10	4	河南	27598.98	较发达
11	12	浙江	32000.45	较发达
12	9	山东	45429.99	发达
13	7	江苏	48604.15	发达
14	2	广东	53477.41	发达

图 5-103 省份发达程度分类结果

五、思考题

1. 请大家单击分类汇总后，分别单击左上角 1，2，3 按钮（见图 5-104），观察显示结果有什么不同？

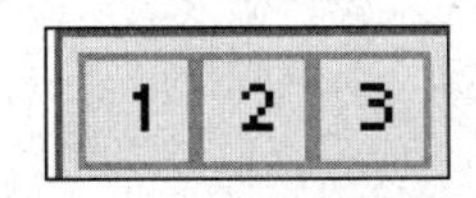

图 5-104 分类汇总视图按钮

2. 请大家思考除了可以汇总每个学生的平均成绩，还可以进行哪些方式的汇总？
3. 在使用公式时，单元表引用使用的$具有什么含义？

PART 6

实验 6 电子讲稿的制作规范与方法

一、实验目的

（1）熟悉 Microsoft PowerPoint 2010 软件。

（2）熟悉并掌握演示文稿的编辑和排版操作。

二、实验条件要求

（1）硬件：计算机 1 台。

（2）系统环境：Windows 7。

（3）软件：Microsoft Point 2010。

三、实验基本知识点

PowerPoint 简介

Microsoft PowerPoint，简称 PowerPoint，是由 Microsoft 公司开发的演示文稿程序，是 Microsoft Office 系统中的一个组件。

Microsoft Office PowerPoint 2010 是一种演示文稿图形程序，扩展名为.pptx，可协助用户独自或联机创建永恒的视觉效果。它增强了多媒体支持功能，可以将用户的演示文稿保存到光盘中以进行分发，并可在幻灯片放映过程中播放音频流或视频流；对用户界面进行了改进，可插入功能强大的 SmartArt 图形，并增强了对智能标记的支持，可以使用户更加便捷地查看演示文稿和创建高品质的演示文稿。

在 Windows 系统中启动 PowerPoint 2010 后，PowerPoint 2010 的幻灯片编辑窗口如图 6-1 所示。

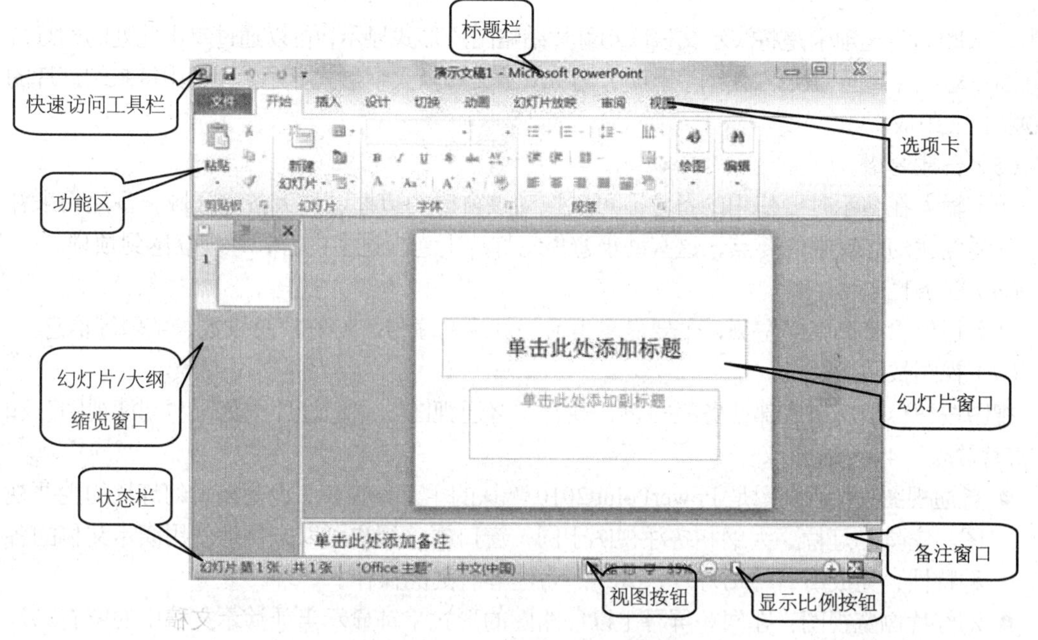

图 6-1 PowerPoint 2010 的窗口环境

PowerPoint 的功能是通过其各类功能窗口实现。在 PowerPoint 中打开的第一个窗口有一块较大的工作空间，该空间位于窗口中部，这块中心空间是幻灯片编辑区域，称为“幻灯片窗口”。在其周围有多个小工作窗口，包括快速访问工具栏、标题栏、选项卡、功能区、幻灯片/大纲视图浏览窗口、备注窗口、状态栏等。

（1）幻灯片窗口

在此空间中工作时，可直接在幻灯片中输入文本或图片等。在其中输入文本的区域是一个虚线框，称为“占位符”。在幻灯片中输入的所有文本都位于这样的方框中。大多数幻灯片都包含一个或多个占位符，用于输入标题、正文文本（如列表或常规段落）和其他内容（如图片或图表）。

（2）快速访问工具栏

快速访问工具栏位于窗口左侧，通常由以图标形式 提供的“保存”，“撤销键入”和“重复键入等组成，以便快速访问。利用该工具栏右侧的“自定义快速访问工具栏” ，用户可根据个人习惯增减所需快速访问的按钮。

（3）选项卡

选项卡位于标题栏的下边，通常有“文件”、“开始”、“插入”、“设计”、“切换”、“动画”、“幻灯片放映”、“审阅”、“视图”9 个选项卡。每组选项卡下有多个命令组。根据操作对象的不通，会增加相应的选项卡，称为“上下文选项卡”。例如，在幻灯片中插入图片后，选择该图片便会在选项卡的最右侧增加“图片工具 格式”选项卡以便用户操作，如图 6-2 所示。

图 6-2 选择图片后增加的“图片工具 格式”选项卡

（4）幻灯片/大纲缩览窗口

幻灯片/大纲缩览窗口位于功能区的左下侧。在其上方有“幻灯片”和“大纲”两个选项卡。

其中，“幻灯片”选项卡是将演示文稿以幻灯片缩略图的形式显示，可以通过单击此处的幻灯片缩略图在幻灯片之间切换；“大纲”选项卡是将演示文稿以大纲形式显示，大纲由每张幻灯片的标题和正文组成。

（5）备注窗格

用于输入在演示时要使用的备注。可以拖动该窗格的边框以扩大备注区域。备注用来补充或详尽阐述幻灯片中的要点，这有助于避免幻灯片上包含过多内容，让观众感到烦琐。

（6）任务栏

任务栏位于窗口底部左侧，主要显示当前幻灯片的序号，幻灯片总张数，主题等信息。

（7）视图按钮

视图按钮位于窗口底部任务栏右侧，共有“普通视图”、“幻灯片浏览”、“阅读视图”和“幻灯片放映”4 个按钮。

- 普通视图：普通视图是 PowerPoint 2010 默认的主工作窗口，也是编辑幻灯片的主要视图。它集幻灯片、大纲和备注视图于同一窗口中，用户可以方便地使用演示文稿的各种特性，完成所有与幻灯片、大纲、备注等有关的操作。
- 幻灯片浏览视图：在同一屏幕上以缩略图的形式平铺显示当前演示文稿中的所有幻灯片，用户可以观察到整个演示文稿的内容，便于进行幻灯片的排列、复制和移动，以及设置动画效果等。但在该视图下不能添加、编辑幻灯片上的对象，单击其中任何一张缩略图即可选择相应的幻灯片。
- 阅读视图：在一个设有简单控件以方便审阅的窗口中从当前幻灯片开始查看演示文稿。
- 幻灯片放映：从当前幻灯片开始以最大化方式（即全屏）方式放映。在放映过程中，单击或按空格键可切换到下一幻灯片，按 Esc 键可退出幻灯片放映视图，返回普通视图。

（8）显示比例按钮

显示比例按钮位于窗口底部右侧，可通过单击两侧的缩小，放大按钮，或拖动滑块调节幻灯片显示比例。单击最右侧按钮可使幻灯片自适应当前窗口大小。

四、参考实例

1．任务描述

通过创建一个“计算机与信息学院简介”的演示文稿，对西南林业大学计算机与信息学院进行简要的介绍，包括学院概况、专业分布、教学资源、办学特色、近三年毕业生就业趋势、学院风采及交通指南等，让观看者可以通过此演示文稿大致了解学院情况。请根据下面的具体要求，制作演示文稿。

2．具体要求

任务 1：创建演示文稿及幻灯片设计模板、版式的应用

① 创建一个空白演示文稿，在功能区“设计”→“主题”选项中选择“聚合”作为主题。

② 在标题幻灯片中输入主标题“计算机与信息学院简介”，副标题“简介”。

③ 在标题幻灯片后逐一创建以“学院概况”、“专业分布”、“教学资源”、“办学特色”、“近三年毕业生就业趋势”、“学院风采”及“交通指南”为标题的新幻灯片。

④ 将“专业分布”幻灯片版式设置为“标题和文本在内容之上”，将“教学资源”、“近 3 年毕业生就业趋势”及“交通指南”等幻灯片版式设置成“标题和内容”，将“学院风采”幻

灯片版式设置为“比较”。

任务 2：幻灯片母版的编辑应用、页眉和页脚的设置

① 修改幻灯片母版，将标题母版标题字体设置为黑体、加粗，副标题设置为黑体、加粗、32 号。

② 将幻灯片母版中幻灯片标题设置为黑体、加粗，将对象区字体设置为黑体。

③ 为幻灯片添加自动更新的日期、幻灯片编号，添加页脚“计算机与信息学院简介”，并将页脚文字设置标题幻灯片中不显示。

④ 修改幻灯片母版，将幻灯片编号居中，将页脚设置在页面右侧。

任务 3：幻灯片文本的应用

① 将“计算机与信息学院简介素材.doc”文档中的文本添加到演示文稿的对应的各个幻灯片中。

② 设置“学院概况”幻灯片文本占位符中文本的“行距”为“1.2 行”，“段前”为“0.5 行”。

③ 增加“学院概况”幻灯片中文本段落的自动数字编号，设置为“1.”“2.”的样式。

④ 增加“办学特色”幻灯片中文本段落的“加粗空心方形项目符号编号”。

⑤ 将“办学特色”幻灯片文本占位符中第二行开始的内容降低一个项目级别。

任务 4：制作表格幻灯片

① 在“教学资源”幻灯片中制作，如表 6-1 所示。

表 6-1 教学资源

<table>
<tr><td rowspan="2">师资队伍</td><td>高级职称 20 人</td><td rowspan="6">实验室</td><td>计信学院实验中心</td></tr>
<tr><td>中级职称 30 人</td><td>软件实验室</td></tr>
<tr><td rowspan="4">教研室</td><td>计算机科学与技术教研室</td><td>网络实验室</td></tr>
<tr><td>电子信息工程教研室</td><td>电信实验室</td></tr>
<tr><td>信息工程教研室</td><td>公共课实验室</td></tr>
<tr><td>电子科学与技术教研室</td><td>光电实验室</td></tr>
</table>

② 设置表格中所有文本字体为 20 号、加粗，文本对齐方式为“中部居中”，将表格外边框线设置为“3 磅”。

任务 5：制作图表幻灯片

① 将表 6-2 以“三维簇状柱形图”的形式加入到“近三年毕业生就业趋势”幻灯片中。

表 6-2 近三年毕业生的初次就业率与最终就业率

	2010 年	2011 年	2012 年
初次就业率	87.97%	87.27%	88.19%
最终就业率	97.10%	97.80%	98.71%

② 设置“数值（Z）轴”标题为“百分比”，数据标签显示为“值”。

任务 6：制作图片幻灯片

① 将案例文件夹中 1.JPG、2.JPG、3.JPG 分别加入到“学院风采”幻灯片中。

② 将案例文件中 map.jpg 加入到“交通指南”幻灯片中。

③ 调整图片的大小及位置。

任务 7：在幻灯片中绘制图形

在“专业分布”幻灯片中，添加“组织结构图”，在“学院”下分别添加“计算机科学与技术”、“电子信息工程”、“信息工程”、“电子科学与技术”。

操作步骤如下。

步骤 1：打开 Microsoft PowerPoint 2010 软件，如图 6-3 所示，选择功能区“设计”→“主题”选项右下角三角形按钮“其他”，打开图 6-4 所示的“所有主题”对话框，在其中选中“聚合”。

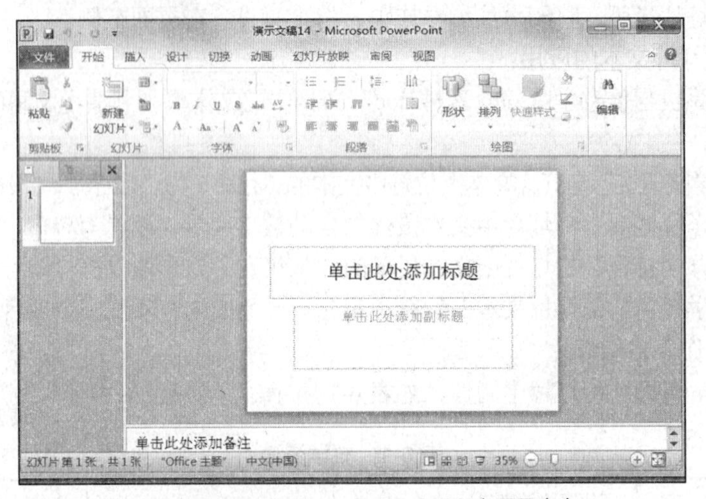

图 6-3　Microsoft PowerPoint 2003 应用程序窗口

图 6-4　选择内部主题

步骤 2：在幻灯片窗口中，直接在标题幻灯片中的标题占位符内输入文本“计算机与信息学院”，在副标题占位符内输入“简介”。在窗体左左侧幻灯片浏览视图中右键单击，在弹出的快捷菜单中选择“新建幻灯片”（注意：新建的幻灯片默认为“标题和内容”版式）；或选择功能区“开始”→“新建幻灯片”选项下的“标题和内容”版式；或按快捷键 Ctrl+M 新建幻灯片，如图 6-5 所示。采用同样的方法新建幻灯片，并依此在各张新建幻灯片的标题栏中输入“学院概况”；重复上述步骤，添加几个新幻灯片，分别在标题栏中输入“专业分布”、“教学资源”、“办学特色”、“近 3 年毕业生就业趋势”、“学院风采”及“交通指南”。

步骤 3：将“学院风采”幻灯片的版式设置为“比较”，如图 6-6 所示。

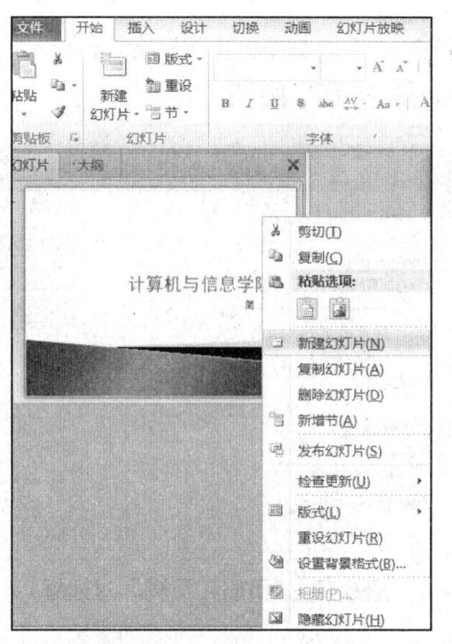

图 6-5　添加新幻灯片

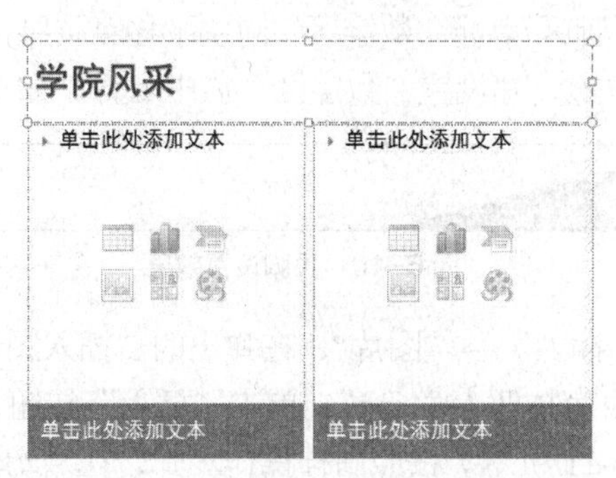

图 6-6　设置为“比较”版式

步骤 4：选择功能区“视图”→“幻灯片母版”选项，进入幻灯片母版编辑状态。选中标题母版中的“单击此处编辑母版标题样式”，将字体设置为黑体、加粗，选中“单击此处编辑母版副标题样式”，将字体设置为黑体、加粗、32 号，如图 6-7 所示；选中幻灯片母版，将幻灯片母版中的“单击此处编辑母版标题样式”字体设置为黑体、加粗，将“单击此处编辑母版文本样式”对象区的字体设置为黑体，如图 6-8 所示。

图 6-7　标题母版设置效果

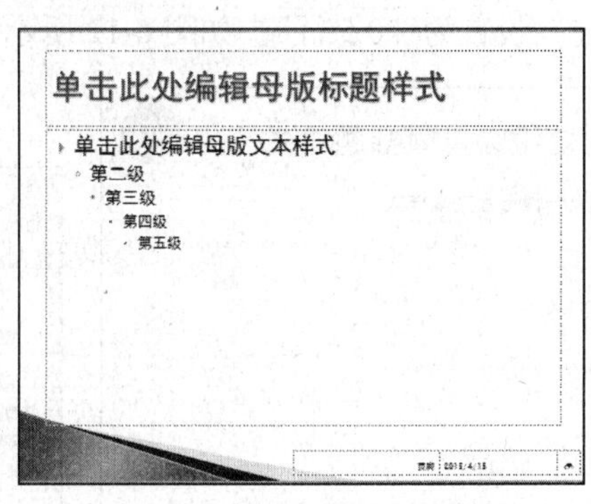

图 6-8　幻灯片母版设置效果

步骤 5：选择功能区“插入”→“页眉和页脚”选项，弹出“页眉和页脚”对话框，在“幻灯片”选项卡中的“日期和时间”中选择“自动更新”，选中“幻灯片编号”复选框，选中

“页脚”复选框并在文本框内输入“计算机与信息学院”，选中“标题幻灯片中不显示”复选框，如图 6-9 所示，单击“全部应用”按钮。

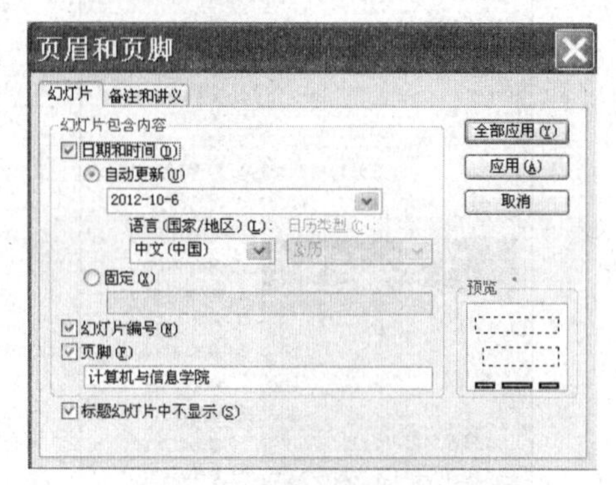

图 6-9 “页眉和页脚”对话框

步骤 6：选择功能区“视图”→“幻灯片母版”选项，进入幻灯片母版编辑状态。选择幻灯片母版，剪切页脚中的“页脚区”，将“数字区”向左平移至页脚中心位置，然后将“页脚区”粘贴至原“数字区”所在位置，并设置“数字区”居中对齐，如图 6-10 所示。

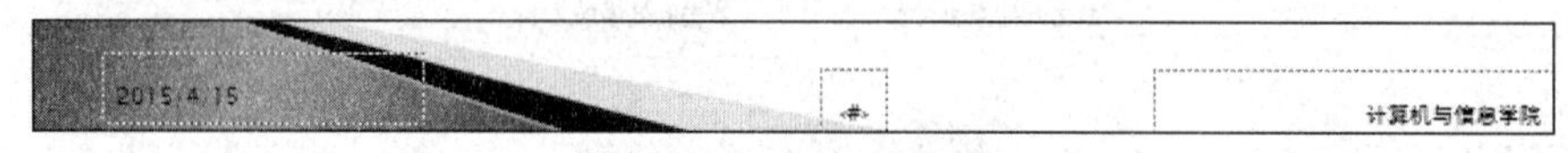

图 6-10 页脚设置效果

步骤 7：选择功能区“插入”→“图片”，在弹出的“插入图片”对话框中选择案例文件中的西南林业大学图标“西南林业大学.jpg”，单击“插入”按钮，然后调整图片到幻灯片右上角，并调整大小，如图 6-11 所示。按照同样操作步骤，在“幻灯片标题母版视图”中选择幻灯片母版，在其中插入“西南林业大学.jpg”。单击“幻灯片母版视图”工具栏中的“关闭母版视图”按钮。

步骤 8：打开“计算机与信息学院简介素材.doc”，将文档中的文本添加到演示文稿的对应的各个幻灯片的文本占位符中。

步骤 9：选中“学院概况”幻灯片，选中文本占位符或文本占位符中的文本内容，选择功能区“格式”→“行距”按钮，在下拉菜单中选择“行距选项”，将“行距”设置为“1.2 行”，“段前”设置为“0.5 行”，如图 6-12 所示。

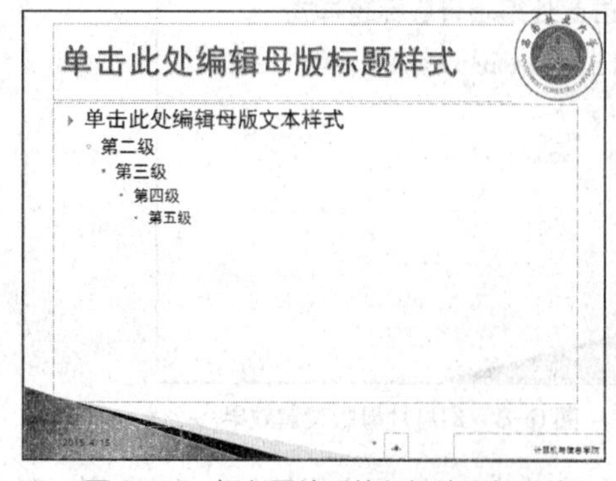

图 6-11 插入图片后的幻灯片母版图片

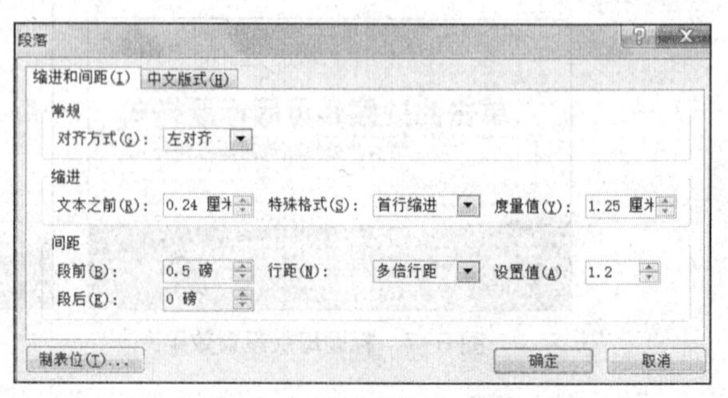

图 6-12 “行距”对话框

步骤 10：选中“学院概况”幻灯片，单击“开始”→“编号”按钮，设置为“1.”、

"2."的样式，如图 6-13 所示。效果如图 6-14 所示。

图 6-13 编号设置

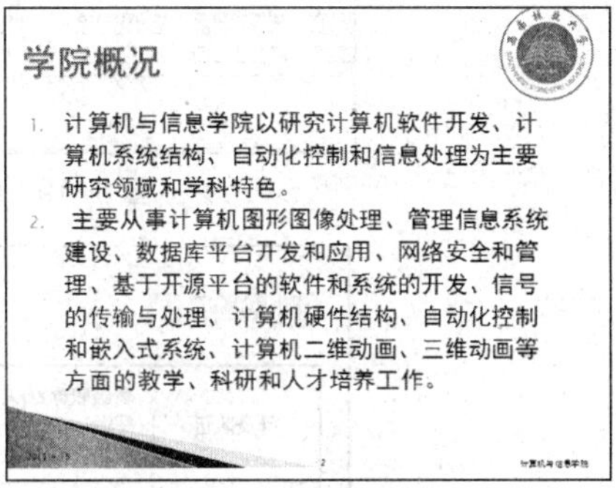

图 6-14 设置编号后效果

步骤 11：选中"学院概况"幻灯片，单击"开始"→"项目符号" 按钮，设置为"加粗空心方形项目符号编号"，如图 6-15 所示。

步骤 12：选中"办学特色"幻灯片，在文本占位符中，从第二行开始选择文本内容，单击"格式"工具栏中的"增加缩进量"按钮或按键盘上的 Tab 键，使所选择的文本降低一个项目级别，设置完成后的效果如图 6-16 所示。

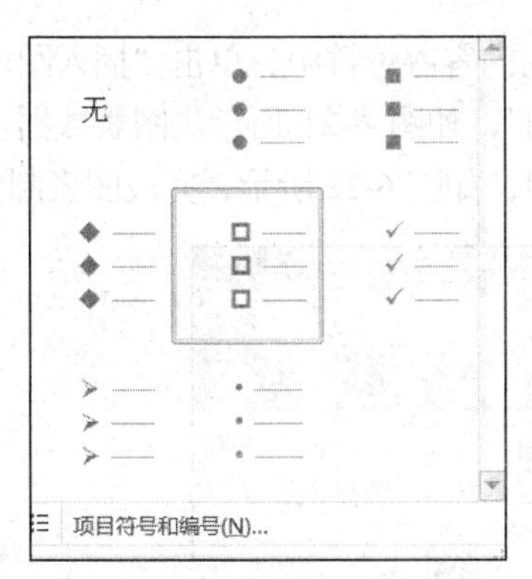

图 6-15 项目符号设置

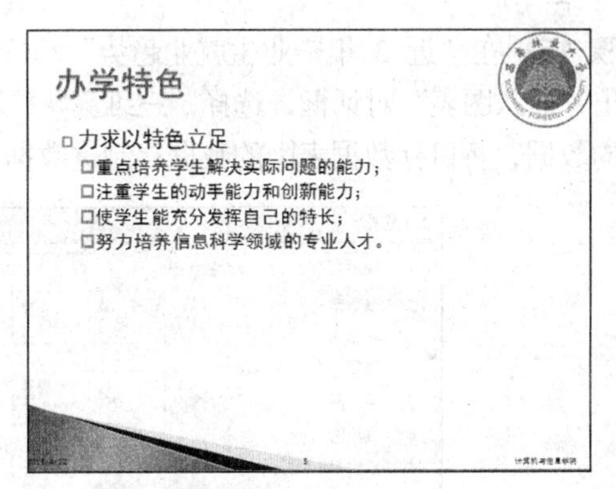

图 6-16 设置项目符号和缩进后效果

步骤 13：在"教学资源"幻灯片的内容占位符中，单击"插入表格"按钮，弹出"插入表格"对话框，设置表格为"4 列"、"6 行"，如图 6-17 所示。对照目标表格，右键单击需要合并的单元格，在弹出的快捷菜单中选择"合并单元格"，如图 6-18 所示，将单元格合并，并输入相应文本。

图 6-17 "插入表格"对话框

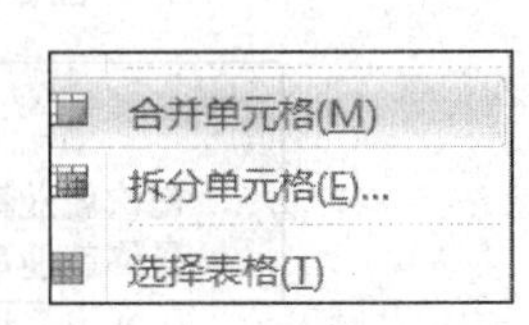

图 6-18 合并单元格

步骤 14：选中表格后，功能区增加"表格工具 设计"及"表格工具 布局"两个选项。选中整个表格，在功能区"开始"选项卡下设置字体为 20 号、加粗；在功能区"表格工具 设计"选项卡下选择"边框"及边框线宽度为"3 磅"，如图 6-19 所示。在功能区"表格工具 布局"选项卡下的"对齐方式"选项中选择"垂直居中"按钮。最终效果如图 6-20 所示。

图 6-19　表格边框设置

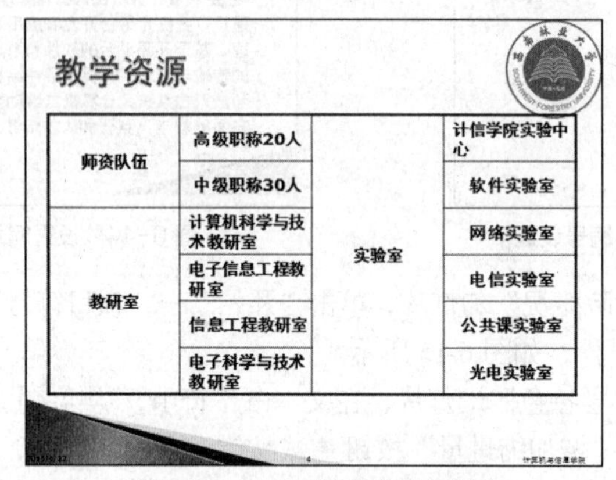

图 6-20　表格设置后的最终效果

步骤 15：在“近 3 年毕业生就业趋势”幻灯片的内容占位符中，单击“插入图表”按钮，弹出“插入图表”对话框，选择“三维簇状柱形图”，如图 6-21 所示。图表数据表，删除样表中的数据，将目标数据表中的数据复制进数据表中，如图 6-22 所示，完成图表制作。

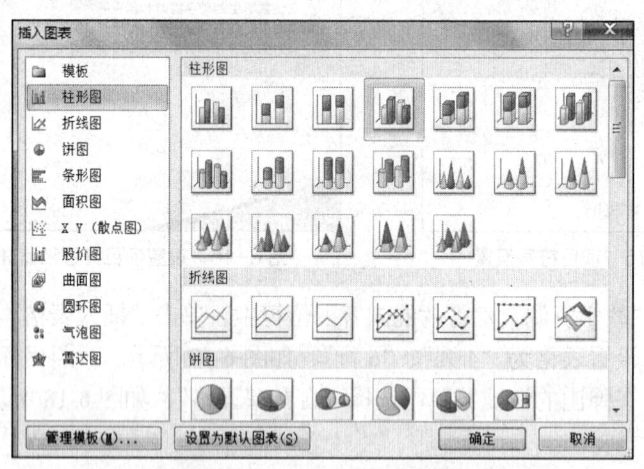

图 6-21　“插入图表”对话框

	A	B	C	D
1		2010	2011	2012
2	初次就业率	87.97%	87.27%	88.19%
3	最终就业率	97.10%	97.80%	98.71%

图 6-22　输入新数据

步骤 16：选中图表后，功能区增加“图片工具 设计”、“图片工具 布局”和“图片工具格式”3 个选项。选择“图片工具 布局”选项下的“数据标签”，单击其下拉列表中的“显示”。最终效果如图 6-23 所示。

步骤 17：在“学院风采”幻灯片的内容占位符中，单击“插入来自文件的图片”按钮，找到相应的文件夹，选择图片“1.JPG”，单击“插入”按钮，依次完成另一张图片的插入。适当调整图片大小，并删除图片下方的两个文本框，最终效果如图 6-24 所示。

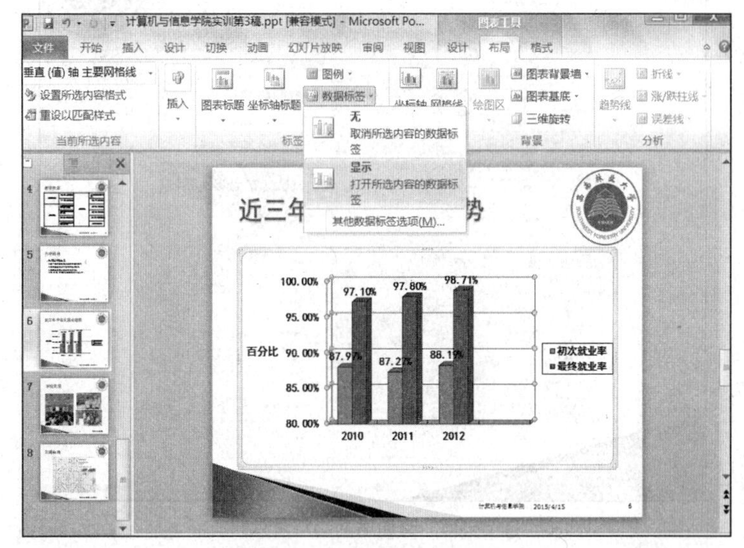

图 6-23　显示数据后的图片效果

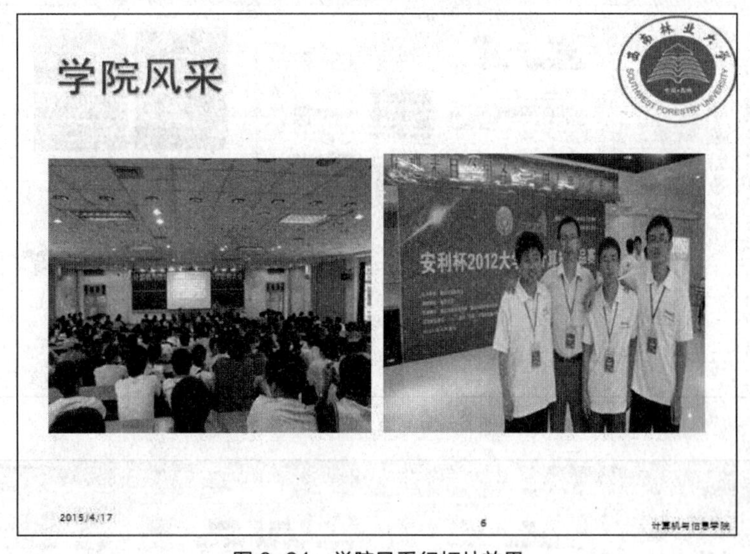

图 6-24　学院风采幻灯片效果

步骤 18：在“交通指南”幻灯片的内容占位符中，单击“插入来自文件的图片”按钮，找到相应的文件夹，选择图片“map.JPG”，单击“插入图片”按钮，效果如图 6-25 所示。

步骤 19：在“专业分布”幻灯片的内容占位符中，单击“插入 SmartArt 图形”按钮，弹出“选择 SmartArt 图形”对话框，选择“层次结构”选项中的“组织结构图”，如图 6-26 所示。选中 Smart Art 图形后，功能区增加“SmartArt 工具设计”和“SmatArt 工具 格式”两个选项。首先选中“组织结构图”左侧的分支形状，单击键盘上的 Delete 键将其删除。再选中第二行右侧的形状，选择“SmartArt 工具 设计”选项下“添加形状”下方的“在后面添加形状(A)”，如图 6-27 所示。接着为组织结构图中的各形状逐一输入文字。最终效果如图 6-28 所示。

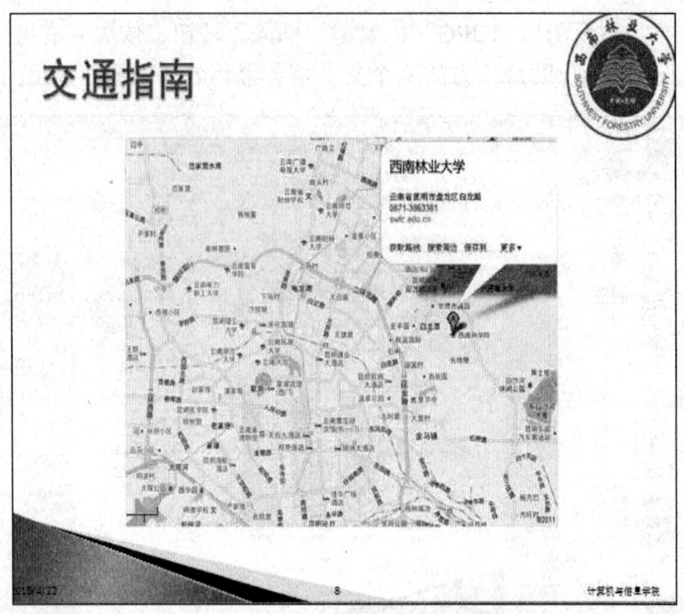

图 6-25　交通指南幻灯片效果

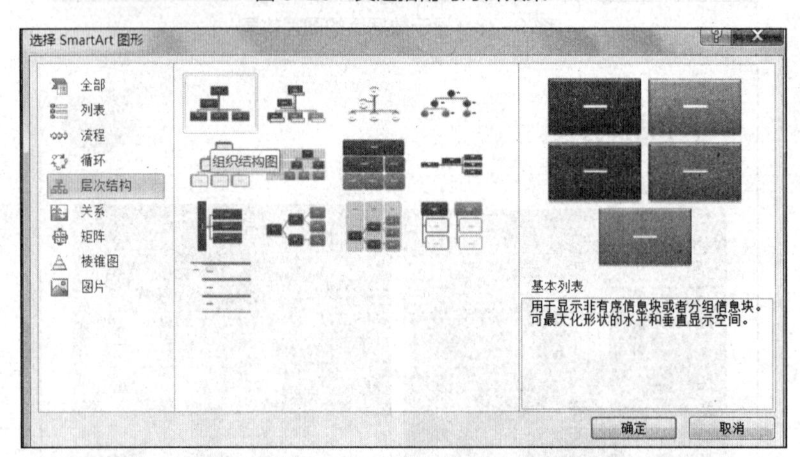

图 6-26　插入组织结构图

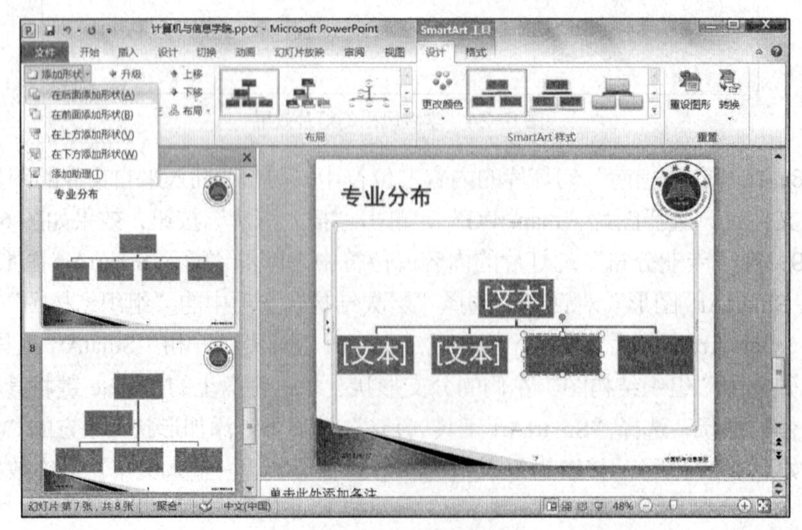

图 6-27　添加形状

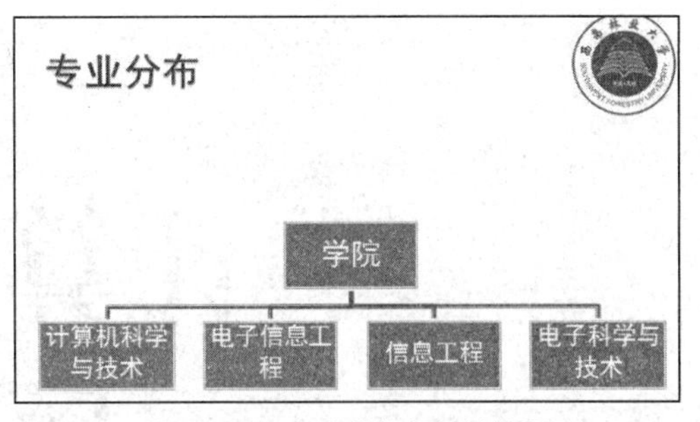

图 6-28　专业分布幻灯片效果

五、实验步骤

任务 1：　新建一个以本人的“学号姓名 1”命名的文件夹。再打开 PowerPoint 2010，新建一个空白演示文稿，单击“文件”菜单下的“保存”选项，以本人的“学号姓名 1.pptx”命名，如 20150557001 张三 1.pptx，保存在此文件夹下。

在该文档中完成以下任务：完成上述介绍的参考实例。

任务 2：新建一个以本人的“学号姓名 2“命名的文件夹。再打开 PowerPoint 2010，新建一个空白演示文稿，单击“文件”菜单下的“保存”命令，以本人的“学号姓名 2.pptx”命名，如 20150557001 张三 2.pptx，保存在此文件夹下。

在该文档中完成以下任务：利用所学 PowerPoint 的知识，参考本实验中的实例，制作自己感兴趣的内容。

具体实验步骤及要求如下。

（1）幻灯片不得少于 10 张。

（2）可以选择自己感兴趣的内容进行介绍，如自己的家乡、个人喜好或朋友同学等信息。

（3）必须对演示文稿进行修饰。可以通过更改幻灯片的主题、背景颜色或背景设计，如添加底纹、图案、纹理或图片等，使幻灯片外观更具个性。

如希望插入自选图片，可选择功能区“插入”→“图片”→“来自文件”子命令。

（4）必须用到幻灯片切换。

（5）必须设置动画效果。

（6）尽可能插入音频和视频。

注意：

必须把音频或视频文件复制到“学号姓名”的文件夹中。

其他：

以上作业按要求的名称保存后上交到任课教师指定的位置。

PART 7

实验 7 计算机网络应用实验

一、实验目的

（1）掌握 Internet 信息搜索的方法。

（2）掌握电子邮箱申请，掌握邮件客户端工具的使用。

（3）掌握网络常用存储服务，掌握网络记事本等的使用。

二、实验条件要求

计算机 1 台（连接 Internet）。

三、实验基本知识点

本实验主要为计算机网络（准确地说是 Internet）的应用实验，主要包括电子邮箱申请、邮件客户端工具的使用、Internet 信息检索方法及网络存储和记事本等使用。邮件客户端工具以微软公司的 Outlook 为例进行讲解，其他类似的工具如 Foxmail、Email Privacy 等请同学们自己下载学习。Internet 信息检索方法以百度（www.baidu.com）的为主进行讲解，网络存储以百度云为例介绍，网络记事本以有道云笔记为例讲解。

四、实验步骤

1. Internet 信息搜索方法步骤

该部分搜索实验以 Firefox 浏览器为例讲解。

（1）文本信息搜索方法

① 基于单个关键词的方法。该方法只需要在搜索引擎上搜索我们关心的信息的关键词即可，如希望了解“网络安全”方面的知识，可以直接输入“网络安全”关键词进行搜索，如

图 7-1 所示。

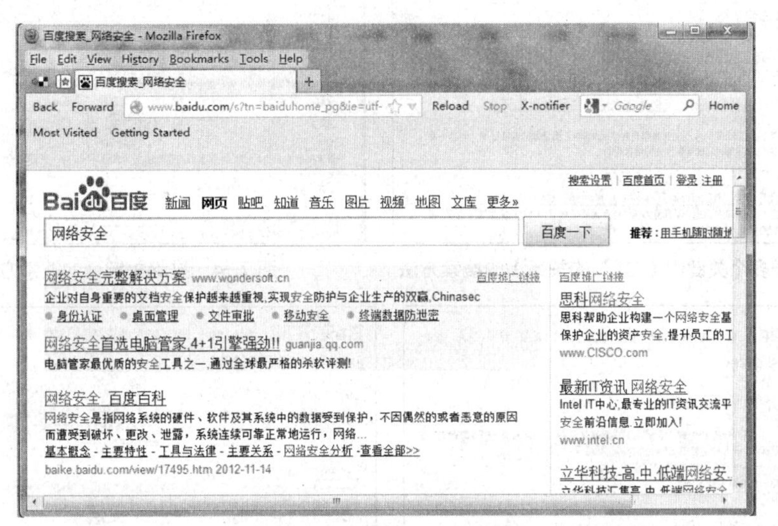

图 7-1 基于单个关键词搜索

② 多个关键字搜索方法（“与”的关系）。想搜索到更多的内容时，可以在搜索框中输入多个关键词，关键词之间用“空格或 AND”（注意用 AND 其前后有空格）链接。如希望了解网络安全工程师的信息可以如图 7-2 所示。

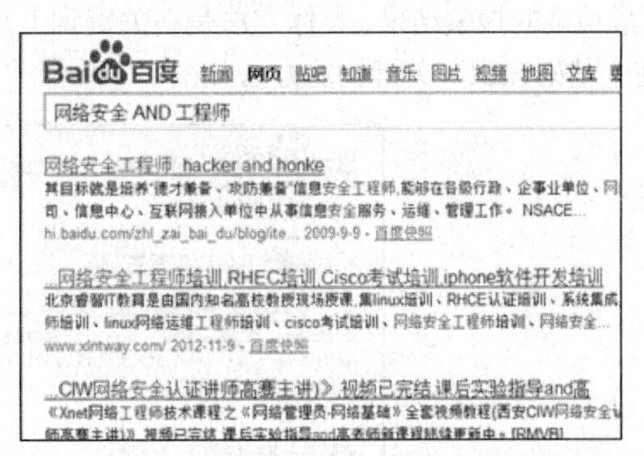

图 7-2 基于多个关键词（“与”的关系）的搜索方法

③ 多个关键字搜索方法（“或”的关系）。在搜索时，如果希望得到多个关键词其中之一的关键词的搜索结果，可以采用“OR”（注意用 OR 前后有空格）将多个关键词链接起来，如希望得到“网络安全”或者“工程师”方面的信息如图 7-3 所示。

④ 排除关键词搜索方法。在搜索结果中希望排除带有某一搜索关键词中的内容，可以采用减号“ -”链接关键词（注意减号前有空格），如希望搜索网络安全知识，但是不希望搜索到网络安全的基础知识，如图 7-4 所示。

⑤ 必须带有关键词的搜索方法。在搜索结果中必须带有某一搜索关键词中的内容，可以采用加号“ +”链接关键词（注意加号前有空格），如希望搜索网络安全知识，且必须带有“基础知识”的内容，如图 7-5 所示。

⑥ 基于标题关键词的搜索方法。热门词的使用频率高，搜索结果误差较大，直接通过标题搜索往往能获得最佳效果，具体方法的格式是 “Intitle：关键词”，如希望搜索网络安全基础知识，且信息标题中有“基础知识”关键词方法如图 7-6 所示。

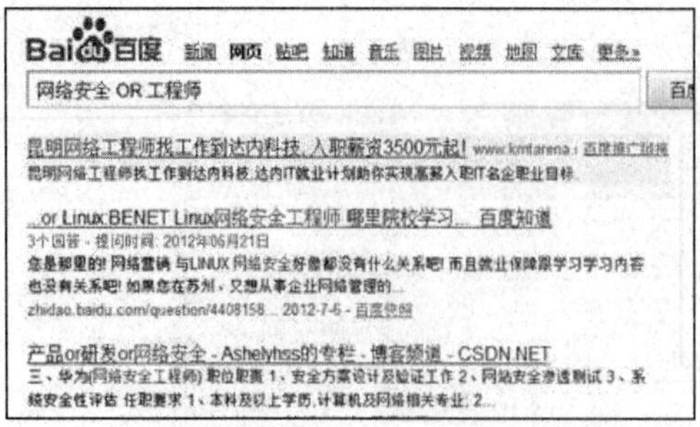

图 7-3　基于多个关键词（“或”的关系）的搜索方法

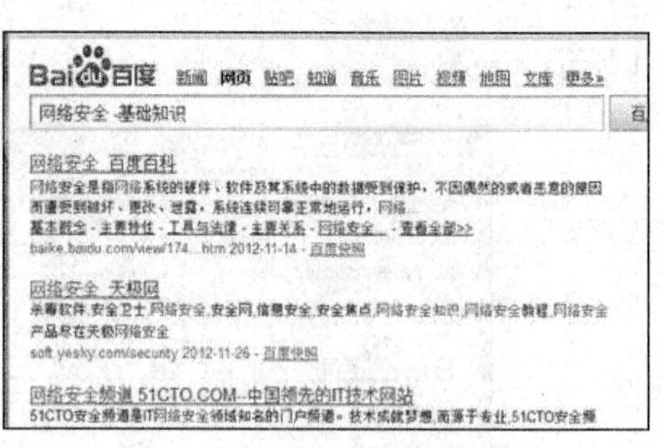

图 7-4　排除关键词的搜索方法

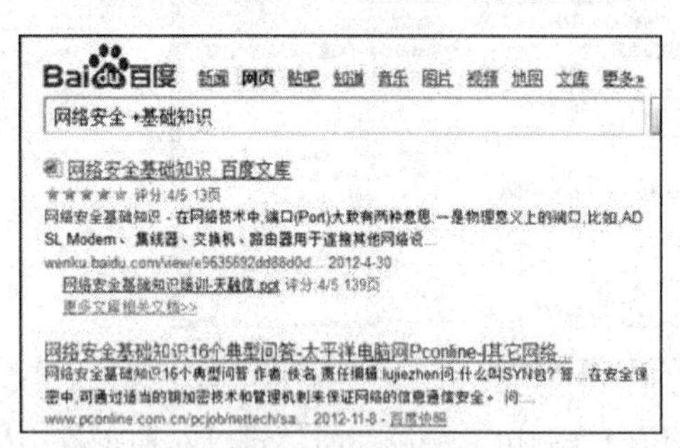

图 7-5　必须带有关键词的搜索方法

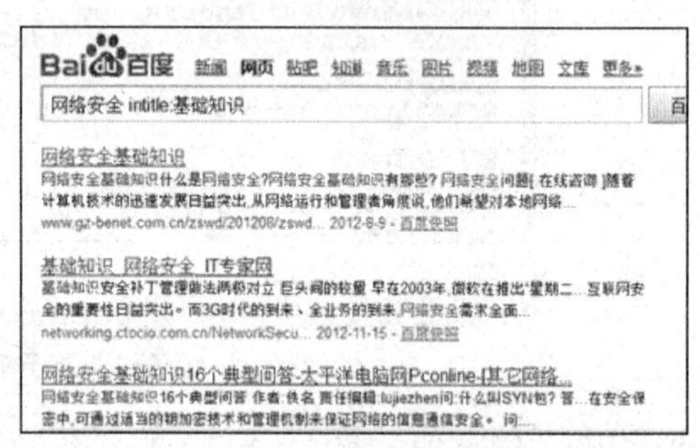

图 7-6　基于标题关键词的搜索方法

⑦ 特定关键词搜索方法。在搜索时可以要求包含特定关键词信息的结果，以得到数量最少、最精确的搜索结果，具体方法是在关键词上加双引号（“”），如希望所示必须带关键词“网络安全基础知识”关键词的方法如图 7-7 所示。

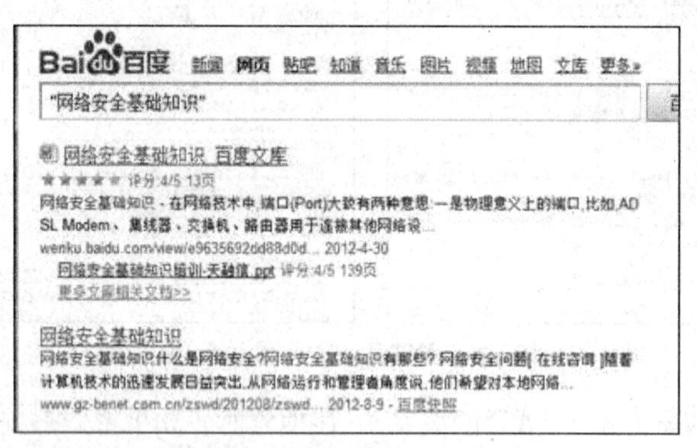

图 7-7　特定关键词搜索方法

⑧ 图书相关关键词搜索方法。当希望搜索与某些图书相关的信息，可以用书名号将关键词括起来，图 7-8 所示为有无书名号的区别。

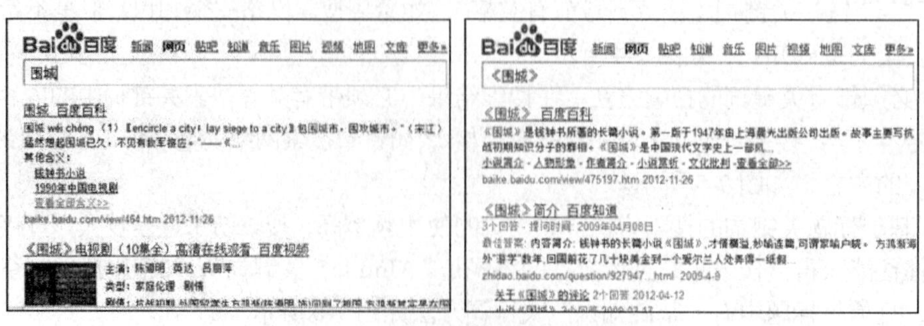

图 7-8　图书相关关键词搜索方法

⑨ 指定网站内信息搜索方法。对于希望搜索指定网站内的信息，可以用格式：“site：网址”进行限定，如希望获得“红黑联盟”网站中“网络安全”信息的方法如图 7-9 所示。

⑩ 特定类型文件搜索方法。对于某些关键词搜索，我们希望得到某种格式的文件，可以采用“Filetype：文件类型”格式进行限定，如获得“网络安全”方面信息的 pdf 文档方法如图 7-10 所示。

图 7-9　指定网站内信息搜索方法

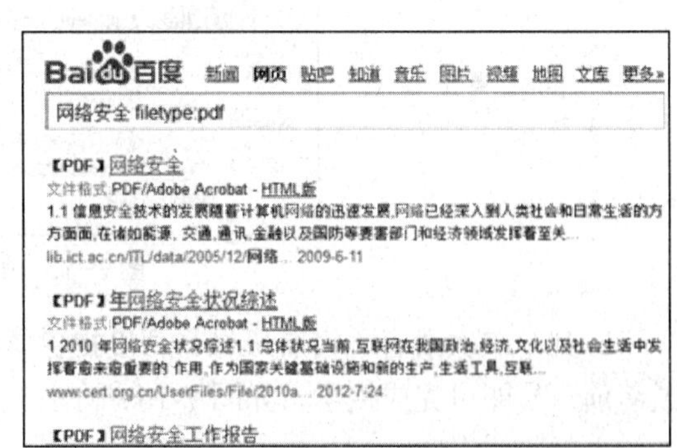

图 7-10　特定类型文件搜索方法

⑪ 其他技巧：

a. 生僻字搜索，直接输入字的组成，如“骉”可以输入“三个马”，如图 7-11 所示；

b. 翻译搜索。对于不同语言直接的翻译，可以直接输入词组和目标语言，如“计算机”的英语单词搜索如图 7-12 所示（当然，还可以搜索翻译工具、网站进行翻译）；

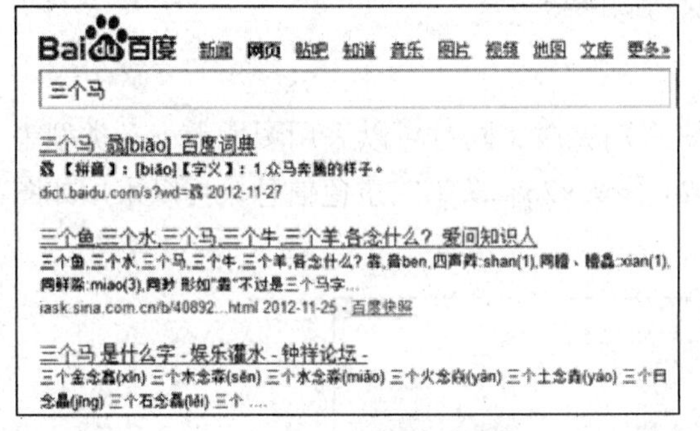

图 7-11　生僻字搜索

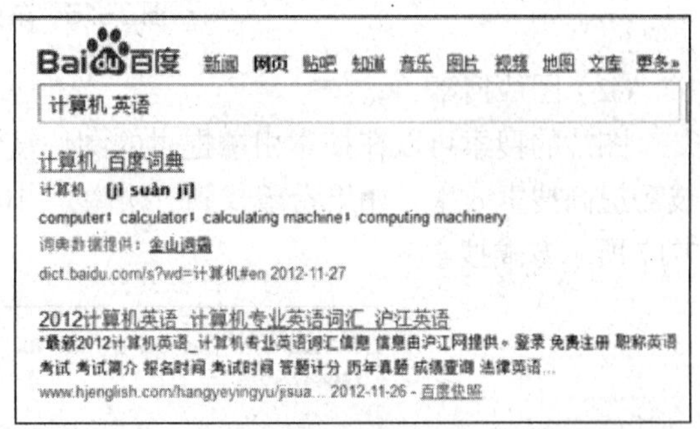

图 7-12　翻译搜索方法

c. 单位换算搜索，单位换算可以采用“数值+被换算的单位=?换算单位”的方法完成，如图 7-13 所示；

d. 搜索城市天气预报，采用格式“天气 城市名”即可完成相关城市近几天的天气情况，如图 7-14 所示。

图 7-13　单位换算搜索

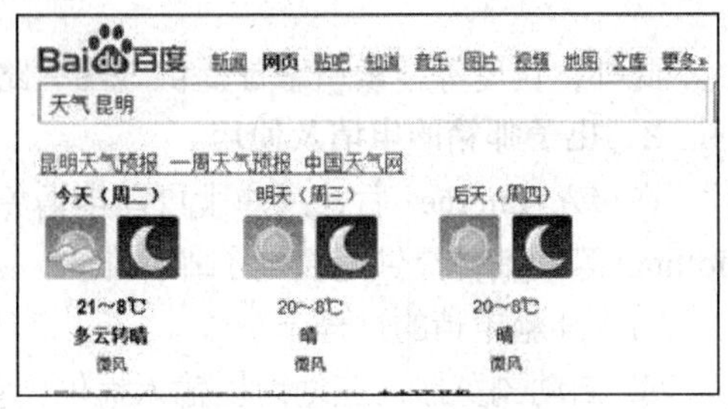

图 7-14　城市天气搜索

此外，还有手机号码直接搜索归属地、股票代码搜索股票信息等搜索技能，需要在日常使用中进行归纳。

⑫ 百度特有搜索方法：

a. 邮编搜索，百度提供中国邮编直接搜索，如“650224”搜索结果如图 7-15 所示；

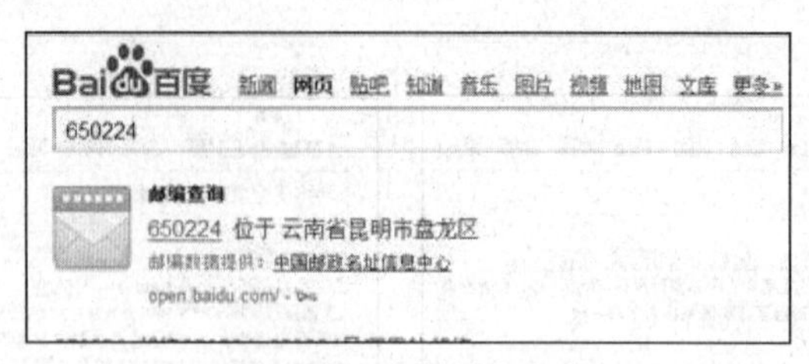

图 7-15 邮编搜索方法

b. 列车车次或者飞机航班号，百度提供国内列车车次、飞机航班的信息，直接输入车次或者航班号即可完成搜索，如图 7-16 所示。

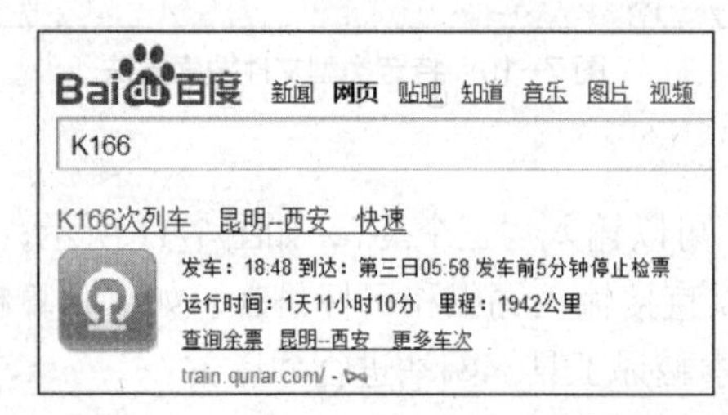

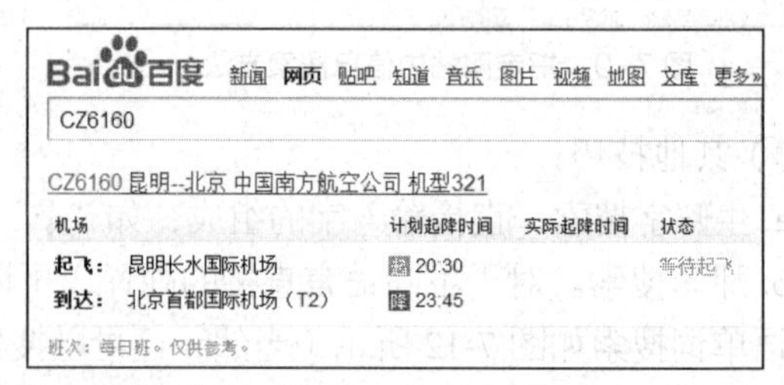

图 7-16 车次、航班搜索

（2）图片搜索

图片的搜索可以在搜索引擎提供的图片搜索页面完成，同时可以采用图片大小、类型等技巧提高搜索效率，如果希望找到分辨率是 1024 像素×768 像素的景色信息，可以采用如图 7-17 所示方式搜索。

图 7-17 图片搜索

此外，百度等搜索引擎都提供地图、路线等各类搜索专栏，请同学们自己学习总结。

2．电子邮箱的申请及使用

在接入 Internet 后，用户就可以申请免费邮箱。在 21cn、新浪、126、263、163、QQ、Hotmail 等网站都提供免费电子邮件服务。

（1）邮箱申请的过程

① 启动浏览器，在地址栏输入提供免费邮箱的网址（例如：http://www.126.com）回车，在页面中单击“注册”超级链接（见图 7-18）。

图 7-18 邮箱注册操作图

② 在打开的页面中输入用户名、密码、验证码等信息，然后单击“立即注册”按钮（见图 7-19）。

通过以上两步就可以完成 126 免费邮箱的注册，但有些邮箱服务网站需要填写更完善的个人信息，按照注册提示逐步填写即可。

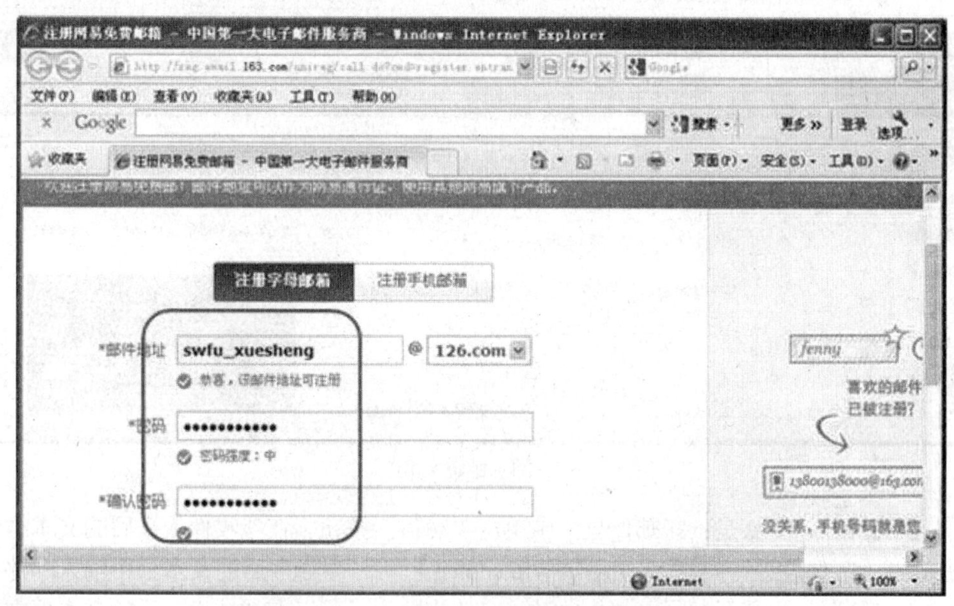

图 7-19 邮箱注册用户信息填写页面操作图

（2）邮件的发送和接收

① 登录邮箱，步骤是：启动浏览器，在地址栏输入提供免费邮箱的网址（例如：http://www.126.com）回车，在打开的页面中的用户名和密码后的文本框内输入注册成功的用户名和密码，单击“登录”按钮（见图 7-20），登录成功后，弹出免费邮箱页面（见图 7-21）。

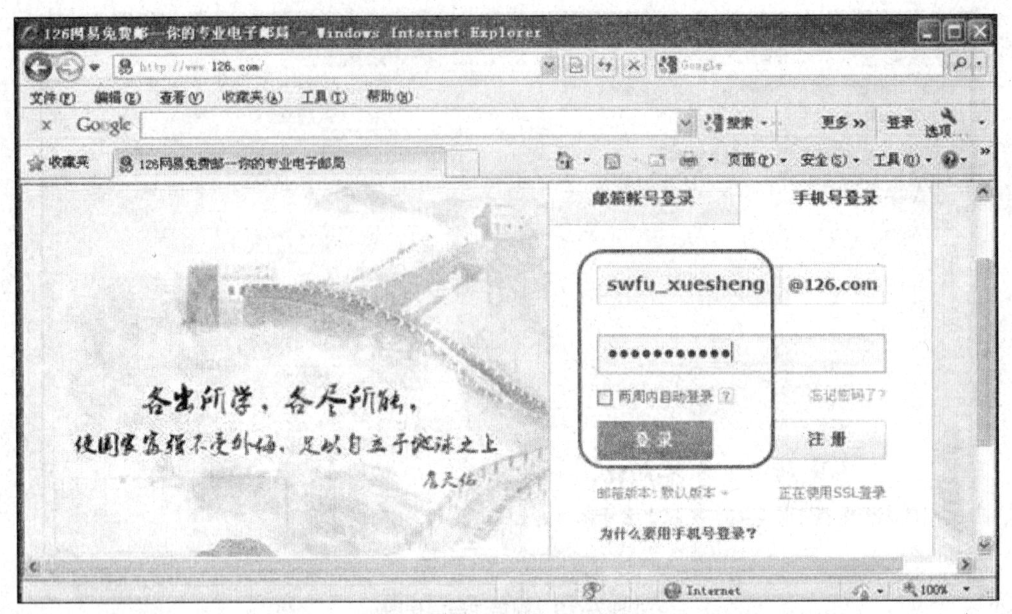

图 7-20　邮箱登录操作图

图 7-21　邮箱主页面

② 撰写邮件，步骤是：在邮件页面中单击“写信”按钮，在“收件人”后的文本框中输入对方的电子邮件地址（如输入：qzp@swfu.edu.cn），在“主题”后的文本框中输入邮件主题（如“论文初稿”），如需要把同一邮件抄送给其他收件人，可以在“抄送”后的文本框中输入另外一位收件人的地址。在“内容”文本框中输入邮件内容（见图 7-22）。

③ 添加附件。当需要向对方发送文件或图片时，必须用此功能。步骤是：单击“添加附件”，然后选择附件文件的路径，然后单击“打开”按钮（见图 7-23）。

图 7-22 撰写邮件

图 7-23 添加附件

④ 发送邮件。单击“发送”按钮后，提示“邮件发送成功”即完成邮件发送。

⑤ 接收邮件。登录邮箱后单击“收件箱”按钮，选择需要阅读的邮件单击打开即可。

⑥ 回复邮件。阅读完邮件后如果需要回复，单击“回复”按钮后，按照步骤②、③、④完成。

⑦ 下载附件。如果邮件中含有附件，则会出现在附件内容处，打开邮件后，单击附件名称（如“论文初稿 V0.8.doc”），然后在弹出的下载对话框中选择“保存”即可。

3．电子邮件客户端工具使用步骤

（1）启动，如图 7-24 所示，找到 Outlook Express 并启动，然后进行连接配置。

图 7-24　Outlook Express 启动

（2）启动后，如图 7-25 所示，命名一个 Outlook 显示给自己的名字（如我们的姓名或昵称）。

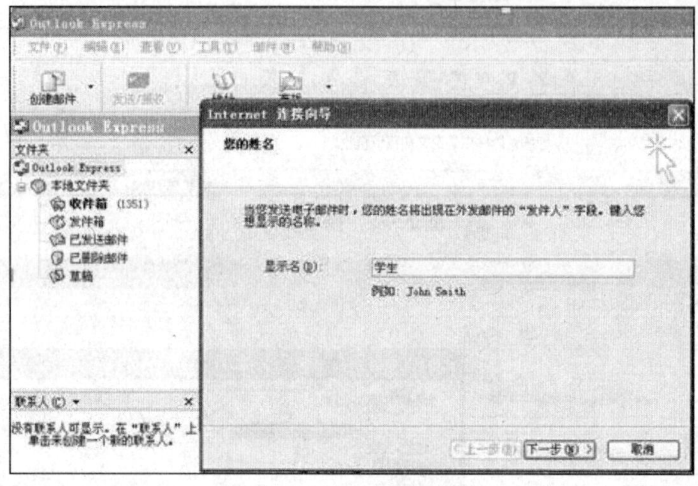

图 7-25　显示名配置界面

（3）进行电子邮件服务器名配置，POP3（Post Office Protocol 3）协议即邮局协议的第 3 个版本，它是规定客户端计算机如何连接到互联网上的邮件服务器进行收发邮件的协议，SMTP（Simple Message Transfer Protocol）简单邮件传输协议是一个 Internet 标准的电子邮件传输协议，完成不同邮件服务器间的邮件传输，该部分填写需要根据不同的邮件服务器进行搜索。搜索的方法可以参照前边的实验内容完成（如 126 邮箱的 POP3 服务器为：pop3.126.com，SMTP 服务器为：smtp.126.com），如图 7-26 所示。

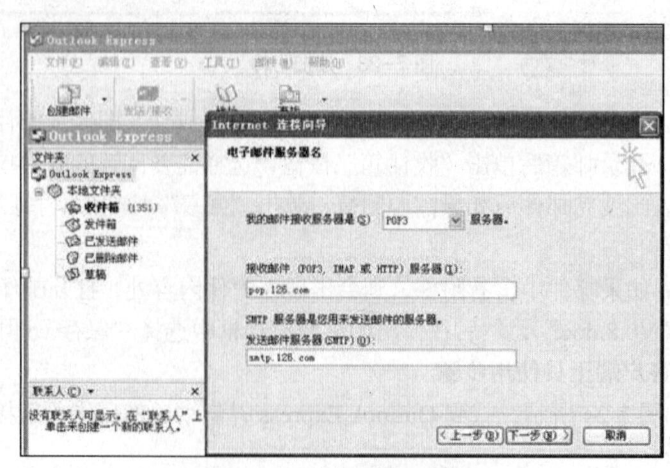

图 7-26　邮件服务器配置

（4）账户信息设置，如图 7-27 所示。

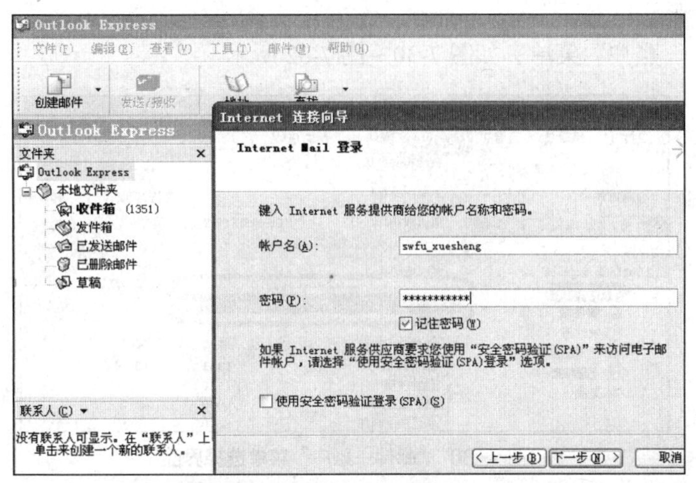

图 7-27　账户信息设置

（5）通过以上设置，可以进入邮件管理页面，如图 7-28 所示。

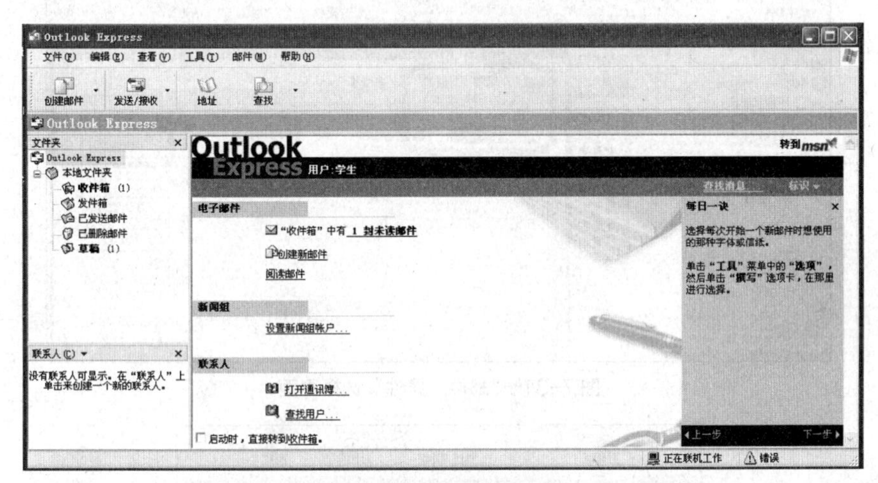

图 7-28　邮件管理页面

（6）单击上图的“发送/接收”可以完成邮件客户端与邮件服务器的同步，同步过程中可能会出现以下错误，如图 7-29 所示。

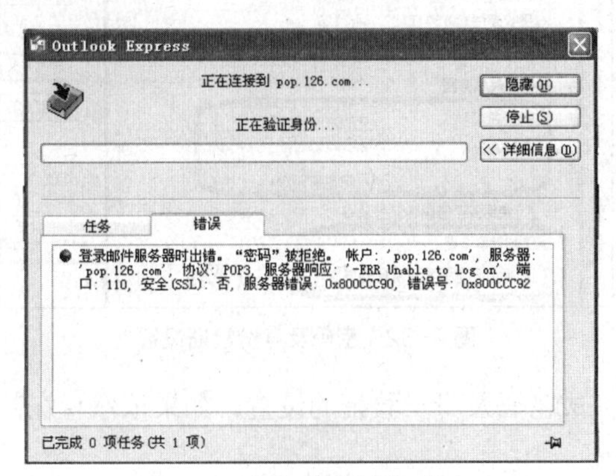

图 7-29　密码具体错误信息

以上错误是登录服务器错误，可能是由于你输入的密码错误或者未设置密码验证。具体修改设置如下步骤。

选择“邮件—账户”菜单，如图 7-30～图 7-32 所示。

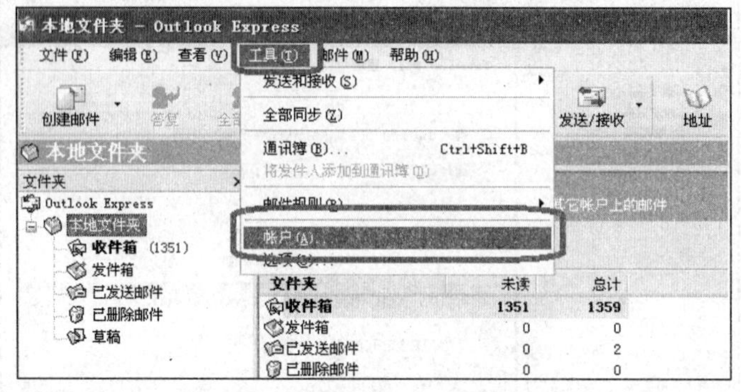

图 7-30　“邮件—账户”菜单选择界面

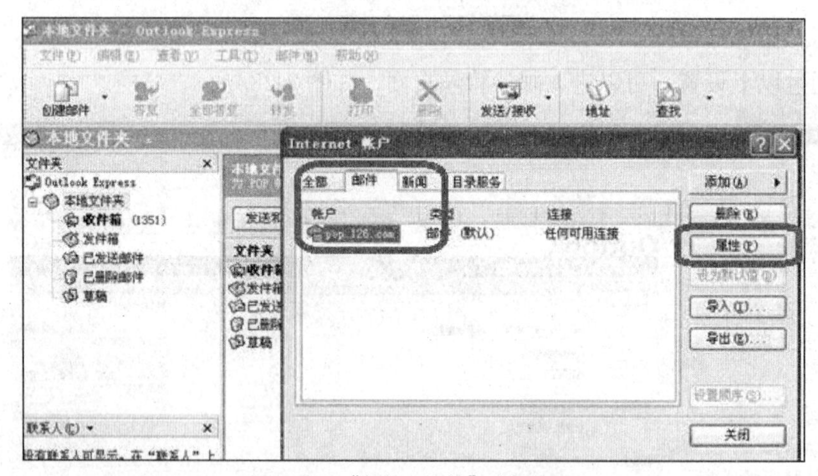

图 7-31　“邮件—属性”选择界面

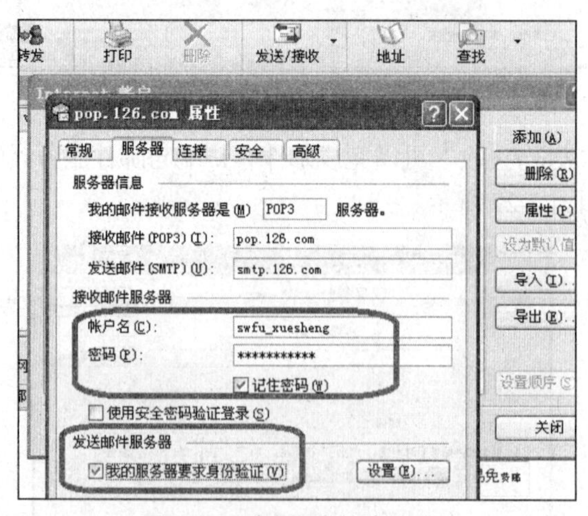

图 7-32　密码及身份验证设置

经过以上设置即可完成密码及身份验证的设置，如果依然存在问题，请根据错误信息上网搜索解决方法。

（7）邮件发送，通过“邮件”—“新邮件”或“新邮件使用”可完成邮件发送，如图7-33和图7-34所示。

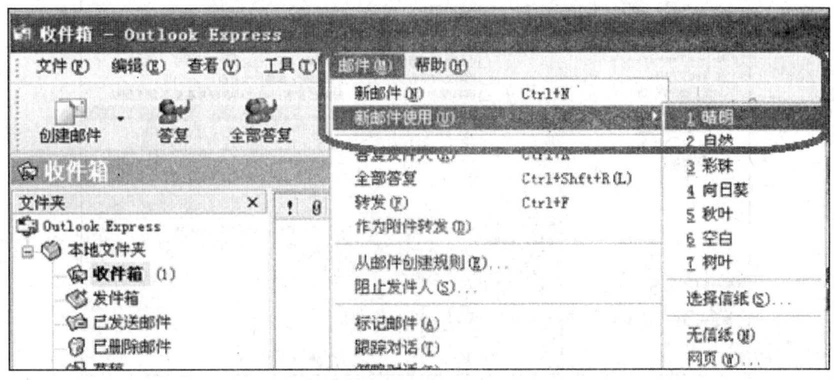

图7-33　发送邮件方法

图7-34是自己给自己发送一份邮件，同时抄送给“qzp@swfu.edu.cn”邮箱。

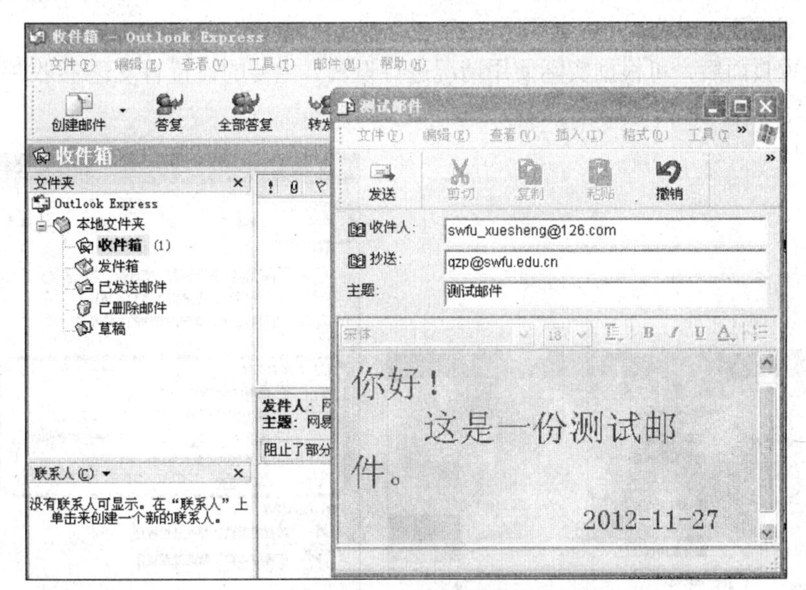

图7-34　发送测试邮件

（8）接收查看邮件，邮件客户端工具一般都默认设置为定时自动接收邮件，同时可以设置邮件到达提示功能，对于到达的邮件只需要在“收件箱”查看即可，如图7-35、图7-36所示。

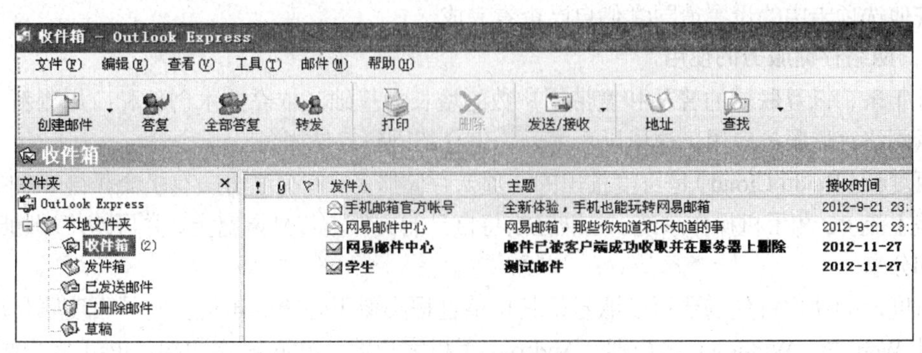

图7-35　接收查看邮件

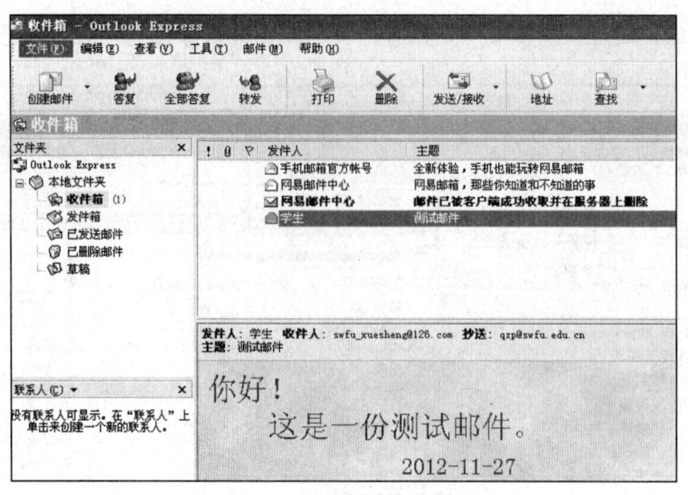

图 7-36 接收查看邮件（续）

（9）邮件客户端设置，邮件客户端的设置在“工具”—“选项”菜单中完成，如图 7-37 所示进入设置页面。

进入设置页面后，可根据实际使用情况进行设置，主要的设置有发送/接收邮件设置，如图 7-38 所示。

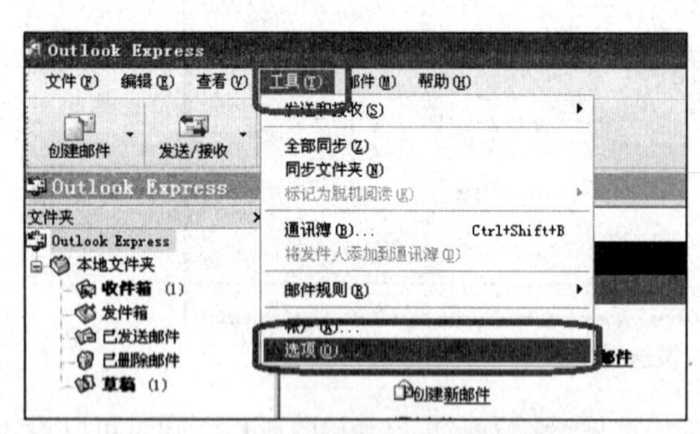

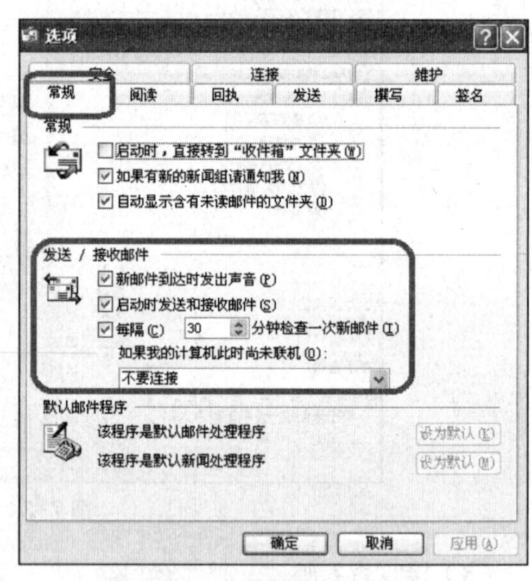

图 7-37 进入邮件客户端设置页面方法　　　图 7-38 发送/接收邮件设置

其他选项卡中的设置请同学们自己查看完成。

4．网络存储服务的使用

近年来，以互联网的普及和宽带用户数的增长为基础，依靠技术创新和应用创新，出现了大量网络存储服务应用，这里以百度云为例介绍网络存储服务。

百度云（Baidu Cloud）是百度推出的一项云存储服务，首次注册即有机会获得 2T 的空间，已覆盖主流 PC 和手机操作系统，可以轻松将自己的文件上传到网盘上，并可跨终端随时随地查看和分享。

百度云的使用首先需要百度账号，其申请过程类似于邮箱的申请。有了百度账号后，可以通过 Web 端、Windows 客户端、Android 手机客户端、iPhone 客户端、iPad 客户端、WP

客户端，用户将可以轻松地把自己的文件上传到网盘上，并可以跨终端随时随地查看和分享。图 7-39 即为通过 Windows 客户端登录的界面。

图 7-39 登录百度云 Windows 客户端界面

其中“我的网盘”既可以存放经常使用的普通文件，也可以在其中空白区域可以通过右键来上传文件、新建文件夹。双击鼠标左键可以打开已经上传的文件夹，选择已有文件通过右键可以方便地下载、分享给好友。

同样，通过 Web 端（网站：pan.baidu.com）也可以方便的登录处理个人的网络存储文件。图 7-40 即为 Web 端登录后的界面。

图 7-40 Web 端登录百度云界面

5．网络记事本的使用

网络记事本可以免去数据线传输烦恼，手机电脑轻松同步，资料多重备份，云端存储永不丢失，功能非常强大，下面以有道云笔记为例介绍。

有道云笔记目前支持版本很多，分别是桌面版、网页版、iPhone 版、Android 版、iPad 版、手机网页版这几种形式。其中桌面版支持 Windows XP，VISTA 和 Windows 7 等，网页版则支持各种主流浏览器。

以桌面版本为例，完成安装之后打开有道云笔记，之后将会看到一个登录界面。需要使用通行证，如果没有的话可以注册一个新的通行证，如果原本就有，直接登录即可。登录后的界面如图 7-41 所示。

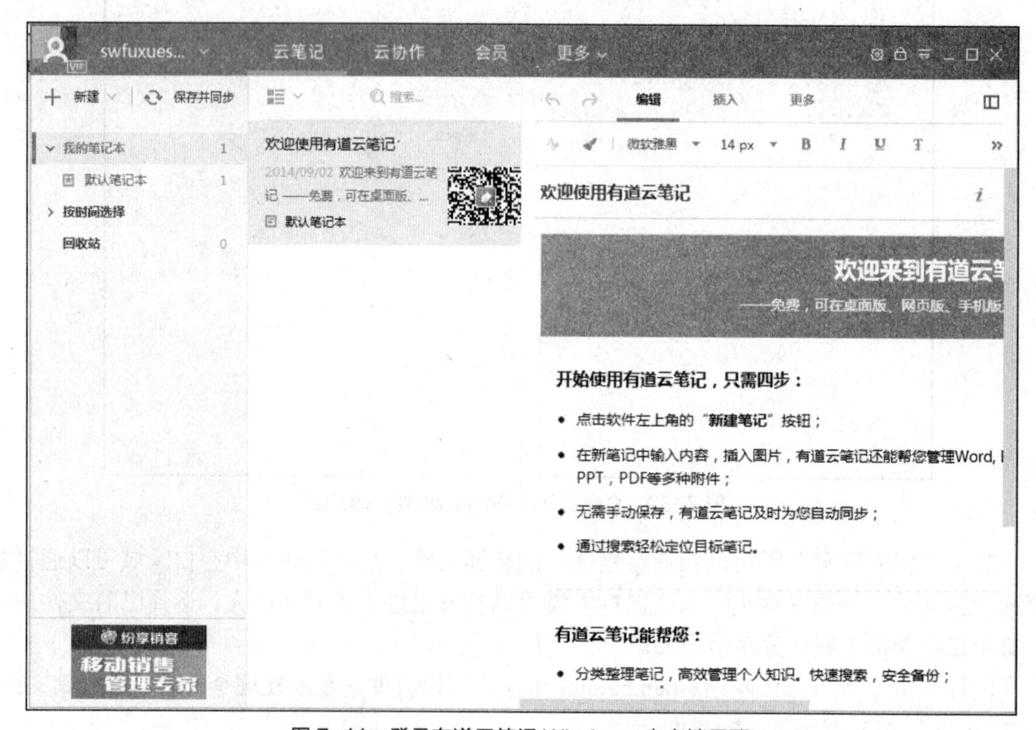

图 7-41　登录有道云笔记 Windows 客户端界面

其左上角的“新建”菜单可以建立云笔记，如图 7-42 所示。

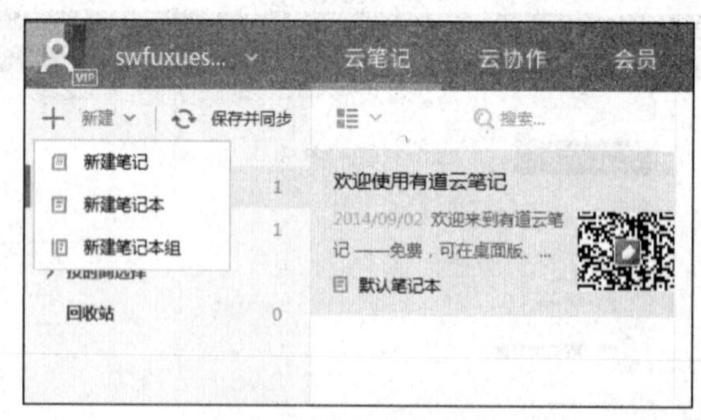

图 7-42　新建笔记菜单

新建笔记后，在有道笔记右侧会出现编辑区域，用于笔记内容创建，同时有道笔记会实时同步保存，如图 7-43 所示。

在云笔记界面的中间区域，有搜索笔记，对于搜索到的笔记可以直接打开。同时，有道云笔记具有云协作功能，如图 7-44 所示。

在有道云协作中，可以新建笔记、表格及文件夹，同时可以上传已有文件和文件夹，也可以导入已有笔记。通过群成员管理将群链接复制后发生给好友邀请好友加入云协作群，也可以通过邮件、QQ 等发生群链接，如图 7-45 所示。

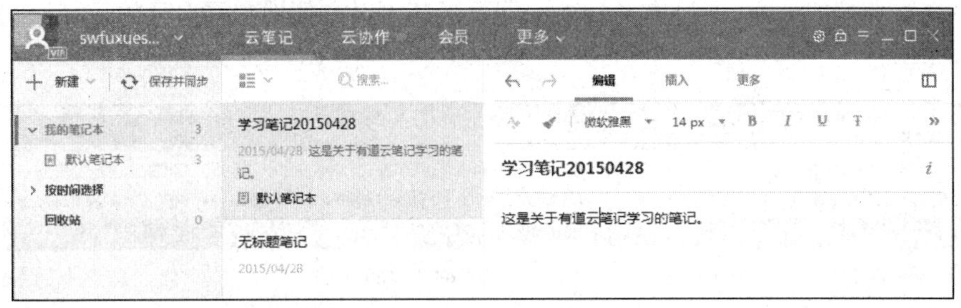

图 7-43　有道云笔记使用截图

图 7-44　有道云笔记云协作界面

图 7-45　有道云笔记云协作群管理界面

此外，有道云笔记还有“照片中转站”功能，通过手机拍照后通过网络传输后直接在电脑上观看。

在没有客户端的地方，通过有道云笔记网页版还可以方便地查看自己的云笔记，如图 7-46 所示。

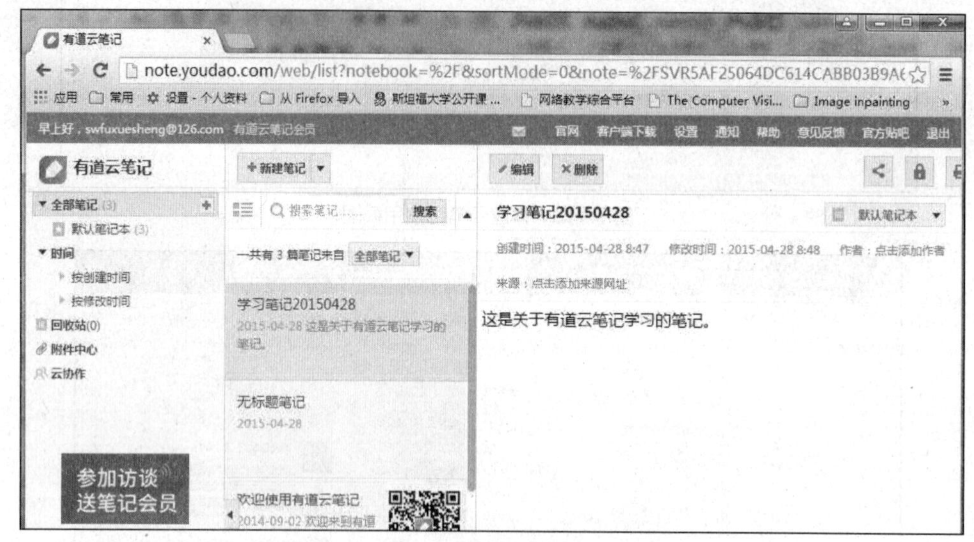

图 7-46 有道云笔记网页版查看云笔记截图

五、思考题

1. 实验指导书中归纳了常用的信息搜索技巧，请同学们使用这些技巧搜索归纳总结自己学习专业的信息，制订自己详细的大学学习计划。

2. 实验指导书中以 Outlook 为例讲解了邮件服务客户端工具，同学们可以自己搜索下载其他客户端工具设置学习。

PART 8 实验8 使用Access管理数据库

一、实验目的

（1）掌握Access数据库基本操作，掌握创建数据库、数据表的基本操作方法。
（2）掌握Access与外部数据的交互操作。
（3）掌握简单SELECT查询语句的使用方法。

二、实验条件要求

（1）软件：Access、Excel。
（2）数据：学生成绩管理数据库。

三、实验基本知识点

本次实验涉及Access的使用，数据库、数据表的创建方法，记录添加、删除、修改的操作步骤，SQL语句的灵活应用，Access数据库与外部数据的交互等知识点。通过本实验的学习，学生将熟悉Access软件的使用方法，了解SQL语句的强大功能。

四、实验步骤

1. 打开Access数据库

方法：Windows“开始”菜单→所有程序→Microsoft Office→Microsoft Access 2010，如图8-1所示。

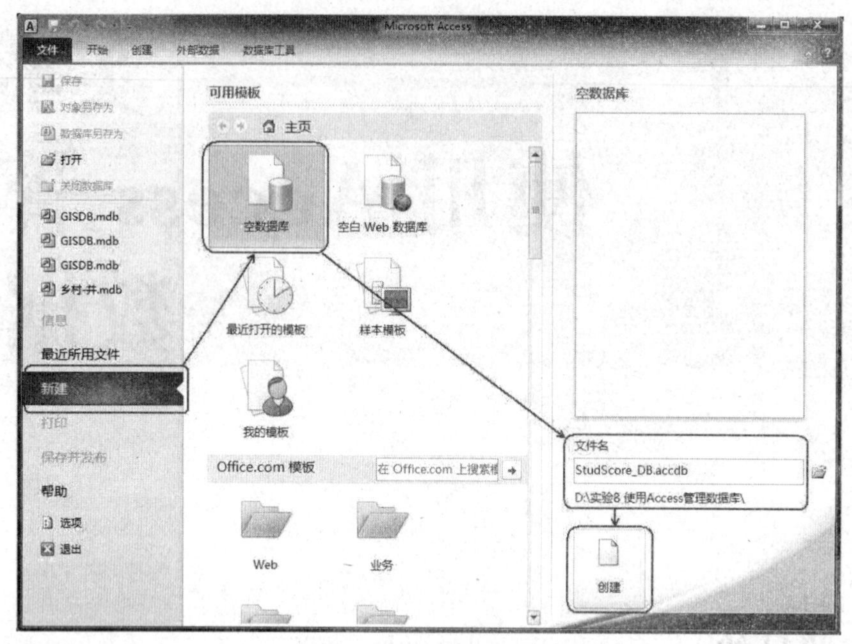

图 8-1　Access 启动界面

2．新建数据库

在图 8-1 的 Access 启动界面中选择“新建”→“空数据库”，在文件名输入栏中输入学生成绩管理数据库名为：StudScore_DB.accdb，这里 Access 版本选择 Microsoft Access 2007，如果你需要与低版本的兼容可选择 Access 2003。选择数据库存储路径：D:\实验 8 使用 Access 管理数据库\（注：对于数据库名和存储路径，用户可能根据自己的需要自行修改），单击“创建”即可创建学生成绩管理数据库（StudScore_DB），如图 8-2 所示。

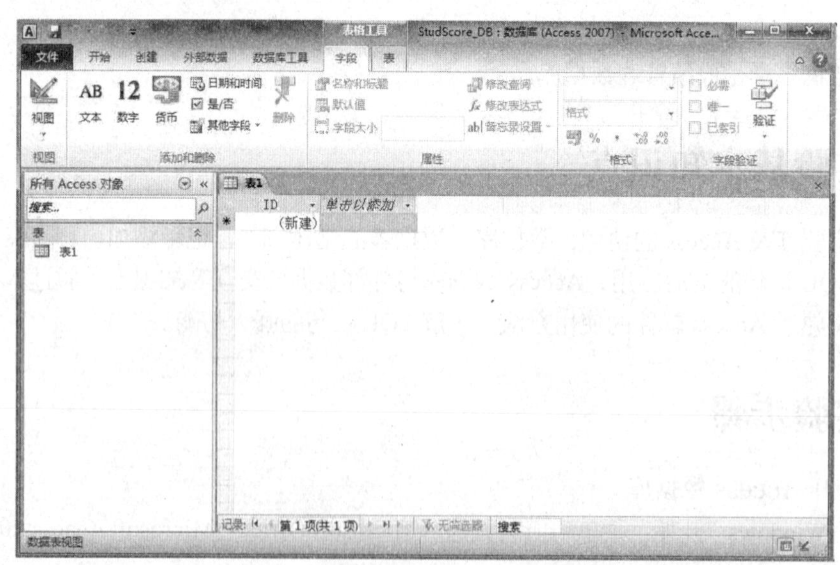

图 8-2　学生成绩管理数据（StudScore_DB）初始界面

3．创建数据表

（1）在图 8-2 所示工作界面中，单击“视图”下拉框选择设计视图，如图 8-3 所示，输入数据表名称（StudInfo），单击“确定”按钮。

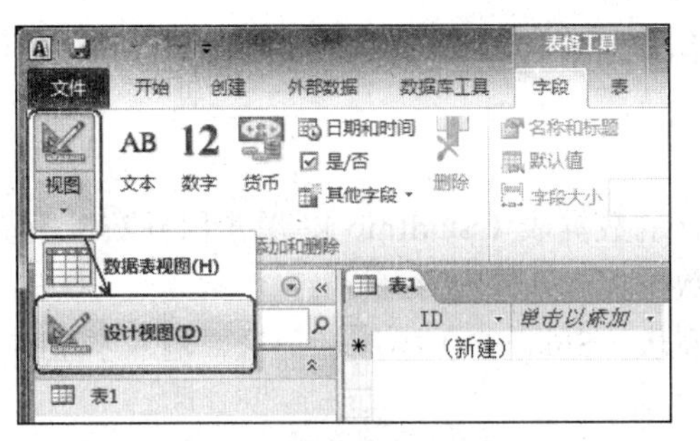

图 8-3 切换数据表设计视图

（2）在打开的设计表操作界面中输入数据表字段信息，这里以学生信息表（StudInfo）为例，其数据表结构如表 8-1 所示。

表 8-1 学生信息表（StudInfo）

字段名称	数据类型	字段长度	空值	主键	字段描述	示例
StudNo	文本	15		是	学生学号	20050319001
StudName	文本	20			学生姓名	李明
StudSex	文本	2			学生性别	男
StudBirthDay	日期/时间		是		出生日期	1980-10-3
ClassID	文本	10			班级编号	20050319

在字段名称一栏中输入数据表字段名称，选择数据类型，设置字段长度和字段约束，在说明一栏中输入字段的描述信息，选中 StudNo 行，在工具栏单击主键按钮设置 StudNo 为主键字段，除 StudBirthDay 字段允许为空即设置必需一栏为“否”外，其他字段不允许为空即设置必需一栏为“是”，如图 8-4 所示。

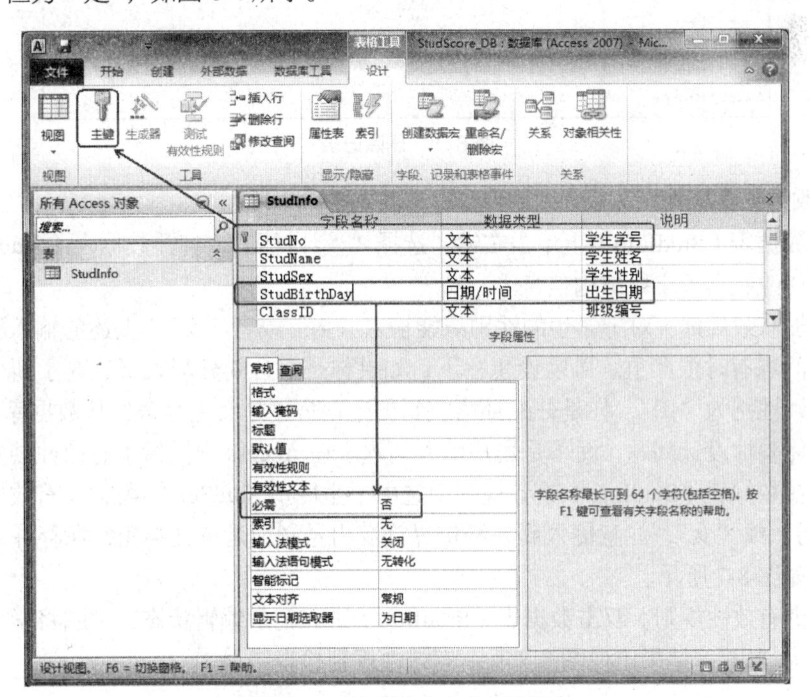

图 8-4 输入学生信息表字段信息

（3）输入完成数据表字段信息后，单击左上角的“保存”按钮即完成数据表的创建。

4．编辑数据表记录

（1）添加记录

① 单击鼠标选择新建的数据表（StudInfo），单击鼠标右键→单击“打开”，或直接双击数据表（StudInfo）打开数据表录入界面。

② 在打开的学生信息表（StudInfo）中添加记录，输入学生信息表示例数据，如图8-5所示。

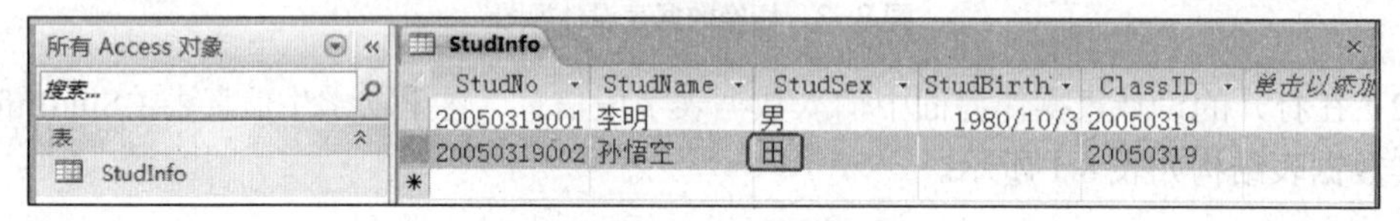

图8-5 添加记录信息

③ 学生性别只能为“男”或“女”，在输入学生信息时，由于输入错误将学号为“20050319002”的学生性别输入为“田”，不合法数据也添加成功，如图8-5所示。

（2）删除记录

鼠标单击记录前的小方框选中学号为“20050319002”整条记录，单击鼠标右键选择“删除”命令删除记录即可，如图8-6所示。

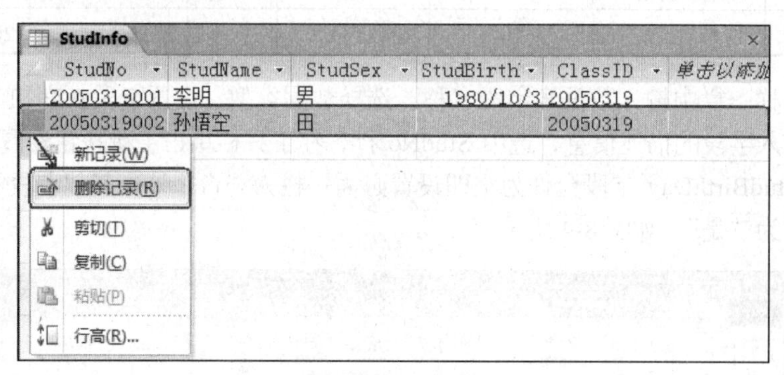

图8-6 删除记录

5．修改数据表结构

（1）在数据表（StudInfo）上单击右键，选择“设计视图”，打开数据表（StudInfo）设计视图，可以修改数据表字段结构信息。

（2）添加有效规则。对于学生的性别只能输入“男”或者“女”，上述的输入错误是不允许的，这个问题有时很严重。可以设想一下，如果你是宿舍的分配人员，对于新生孙悟空，因输入错误，性别为“田”，你是分配孙悟空到男生宿舍还是女生宿舍？从数据库角度来说，这是数据表完整性设计问题，而不是用户输入问题。在Access中提供了有效性规则可以解决这一问题。在数据表（StudInfo）设计视图中选中学生性别StudSex字段，在有效性规则一栏中输入，“男”或“女”，注意输入到字符定界符双引号必须是英文半角，保存并关闭数据表设计视图，如图8-7所示。

（3）检查有效性规则。双击数据表（StudInfo）进入记录编辑状态，试图将学生李明的性别“男”改为“田”，结果出现图8-8所示有效性规则检查错误。

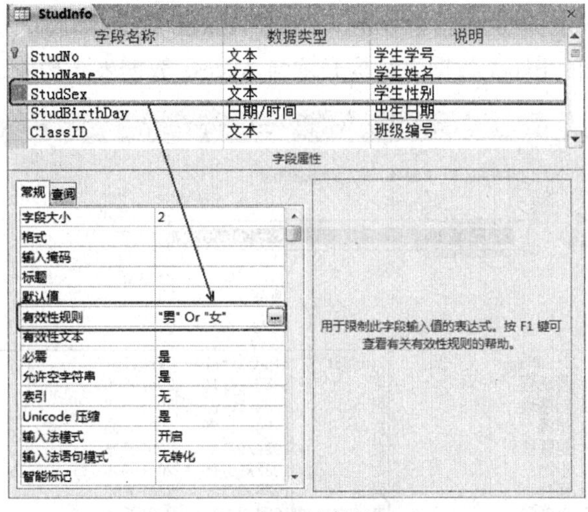

图 8-7 添加有效性规则

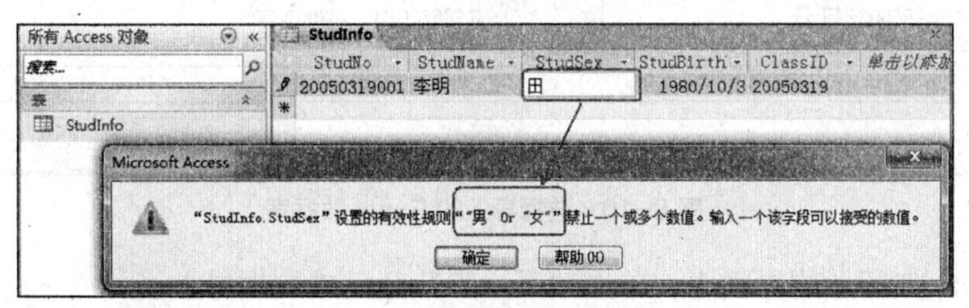

图 8-8 有效性规则检查

6．Access 与外部数据的交互

（1）从 Excel 中导入数据到 Access 中。在外部数据选项卡中单击“Excel”，指定数据源，选择“向表中追加一份记录的副本”，数据表为（StudInfo），单击“确定”按钮，如图 8-9 所示。

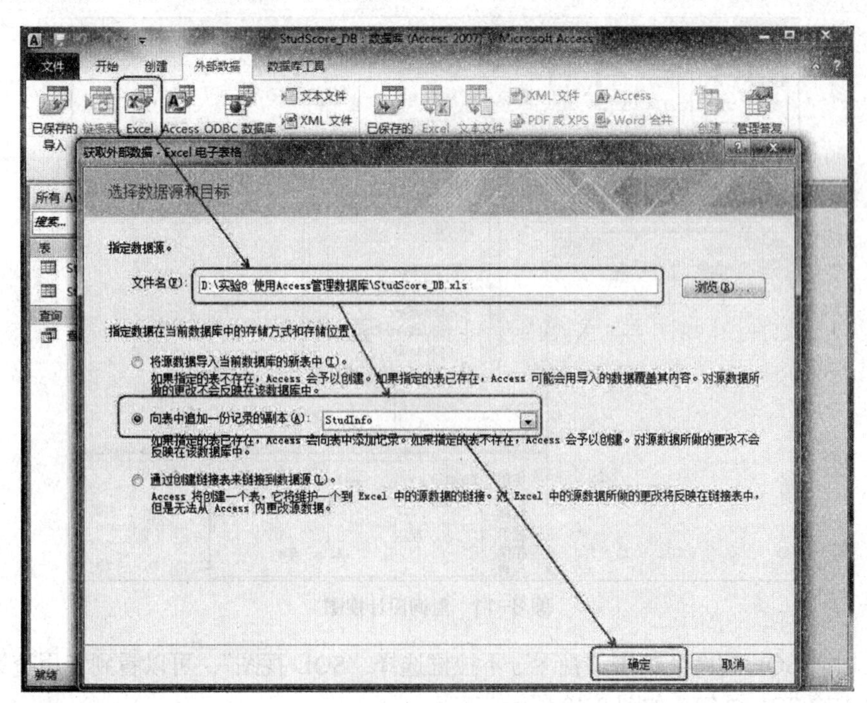

图 8-9 导入 Excel 数据

（2）在导入数据表向导对话框中自动获取 Excel 的工作表。这里选择导入数据表（StudInfo），注意导入的 Excel 数据表结构必须与 Access 数据表结构兼容，如图 8-10 所示。

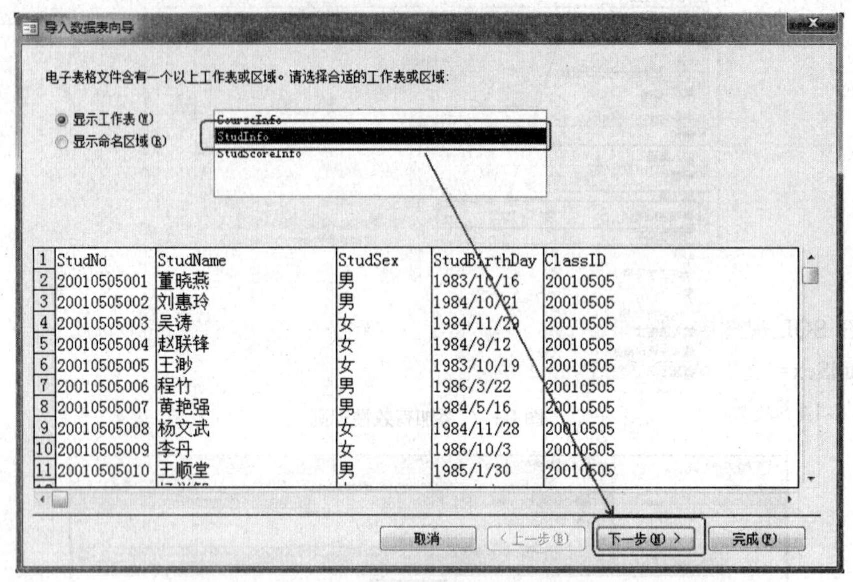

图 8-10　选择导入的 Excel 数据表

（3）在图 8-10 所示的界面中，单击“下一步”至完成数据导入。

7．使用 SQL 语句查询数据表记录

（1）在 Access 工作界面中选择“创建”选项卡，单击“查询设计”，在打开的显示表中选择“StudInfo”添加到查询设计视图中，选择查询字段并设置查询姓“李”的所有学生，如图 8-11 所示，单击“运行”可查看查询结果。

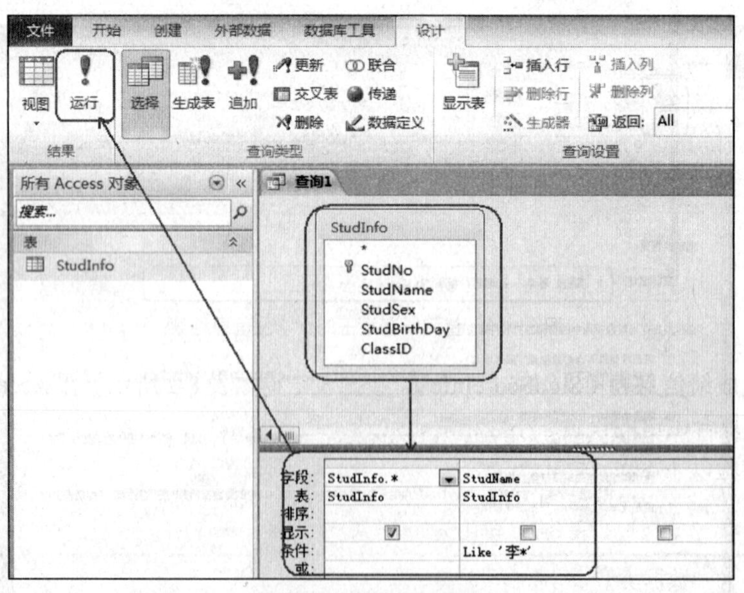

图 8-11　查询设计视图

（2）切换 SQL 视图。单击“视图”下拉框选择“SQL 视图”，可以看到使用查询设计视图自动生成的 SQL 语句，如图 8-12 所示。

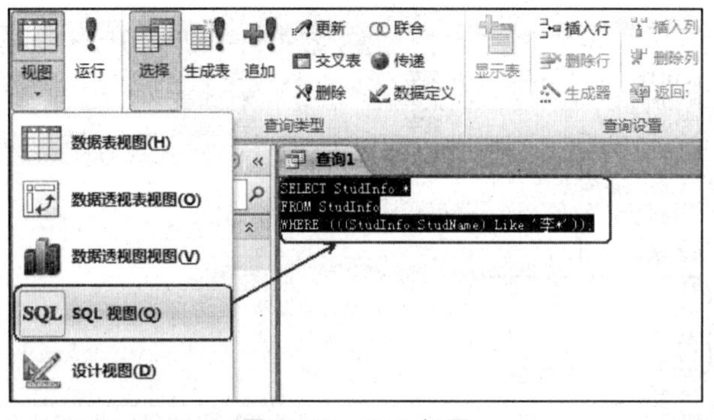

图 8-12 SQL 视图

（3）在 SQL 视图中，查询所有姓王的女学生可输入 SQL 查询语句"Select * From StudInfo Where StudSex='女' AND StudName LIKE '王*'"，如图 8-13 所示。单击"运行"得到查询结果如图 8-14 所示。

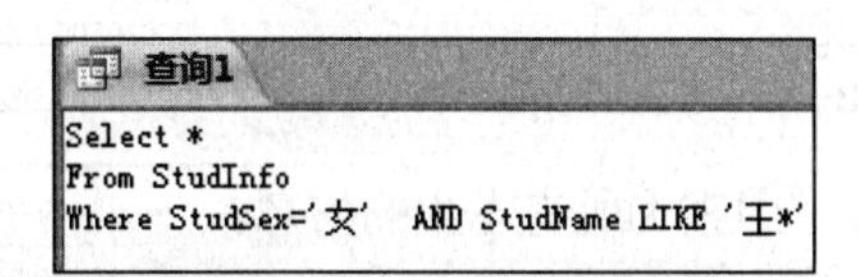

图 8-13 输入 SQL 语句查询信息

StudNo	StudName	StudSex	StudBirth	ClassID
20010505005	王渺	女	1983/10/19	20010505
20010505016	王娜娜	女	1985/11/17	20010505
20010505045	王珊珊	女	1984/7/16	20010505
20010704003	王颖	女	1986/5/12	20010704
20010704030	王丽丽	女	1984/6/13	20010704
20010708001	王燕	女	1984/9/16	20010708
20010709018	王晨	女	1984/12/13	20010709
20010709031	王文好	女	1986/10/3	20010709
20010709074	王堰	女	1985/10/8	20010709
990708024	王涛	女	1986/5/12	990708
990708032	王勇	女	1984/12/16	990708
990712002	王真	女	1983/6/24	990712
990712027	王波	女	1985/11/17	990712
990713015	王翠艳	女	1984/4/29	990713
990716059	王薇薇	女		990716
990716074	王平	女	1984/5/23	990716

记录: 第 1 项(共 16 项) 无筛选器 搜索

图 8-14 查询所有姓王的女学生信息结果

新建学生成绩信息表（StudScoreInfo），数据表结构如表 8-2 所示。在 Access 数据表设计视图中，注意复合主键的设置、小数精度设计及有效性规则设置，如图 8-15 所示。导入 Excel 中的数据，实验以下 SQL 语句，并结合结果理解 SQL 语句的含义。

表 8-2 学生成绩信息表（StudScoreInfo）

字段名称	数据类型	字段长度	约束	主键	字段描述	举例
StudNo	文本	15		是	学生学号	2000070470
CourseID	文本	15		是	课程编号	A0101
StudScore	小数	4,1	[0,100]		学生成绩	80.5

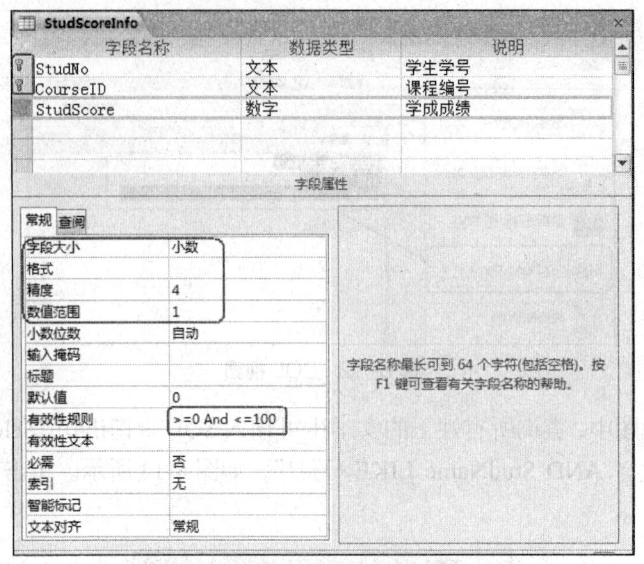

图 8-15　学生成绩信息表（StudScoreInfo）设计

（1）从学生表（StudInfo）中查询所有学生的信息。

```
select * from StudInfo
```

（2）从学生表（StudInfo）查询出所有男同学的信息。

```
select * from StudInfo where StudSex='男'
```

（3）从学生成绩表（StudScoreInfo）中查询成绩在 80 到 90 之间的成绩记录。

```
select * from StudScoreInfo where studscore>=80 and studscore<=90
```

（4）从学生成绩表（StudScoreInfo）中查询成绩最高的 10 名学生的成绩信息。

```
select top 10 *  from StudScoreInfo order by StudScore desc
```

（5）从学生表（StudInfo）中查询 1984 年后出生的女学生的信息。

```
select * from StudInfo where StudSex='女' and Year(StudBirthDay)>=1984
```

（6）从学生成绩表（StudScoreInfo）中统计各学生的平均分。

```
select studno,round(avg(studscore),2) as avgscore
from studscoreinfo
group by studno
```

写出实现以下功能的 SQL 语句。

（1）查询出男同学的姓名。

（2）查询成绩大于 90 分的成绩表中的所有信息。

（3）查询 1983 年 12 月 31 日（含）以后出生的学生信息。

（4）查询出姓杨的男同学的学号和姓名。

（5）统计各学生平均分、总分、参考门数、最高分、最低分。

五、思考题

1. 上面的学生成绩管理系统数据库设计了两个数据表，想想哪些数据表是实体表，哪些是关系表，画出 E-R 图。

2. 利用所学数据库知识，根据数据库设计理论，结合自己的专业，建立一个实用的数据库管理系统，练习 Access 数据库的使用及 SQL 语句的使用。

PART 9 实验 9 多媒体技术应用实验

一、实验目的

（1）了解常用的图像处理软件、音视频处理软件。

（2）掌握简单的图像处理过程、影视频数据播放与数据处理过程、使用 Movie Maker 制作视频的过程。

二、实验条件要求

（1）硬件：计算机 1 台。

（2）系统环境：Windows 7。

（3）软件：Adobe Photoshop CS。

三、实验基本知识点

（1）图形、图像的获取与处理。

（2）视频音频信息的获取与处理。

（3）多媒体计算机硬件及软件系统结构。

（4）多媒体计算机的应用技术。

四、实验步骤

任务 1：简单图像处理

步骤 1：利用 Windows 自带的画图程序（“开始”→“程序”→“附件”→“画图”）处理简单图画，利用画图程序打开“实验 9 素材”文件夹中的“大熊猫.JPG”文件，参照图 9-1 所示对图片进行修饰，擦除图形下部的文字，并添加文字“保护珍稀动物!”，然后保存为 256

色位图（*bmp）图片类型，保存文件名为“Panda.bmp”。

处理前	处理后

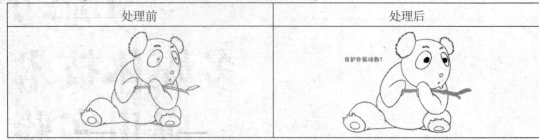

图 9-1　简单图像处理

步骤 2：使用 Photoshop CS 打开画图程序制作的 BMP 图像，调节导航器的放大/缩小滑杆调节图像的大小，观察在画图程序中所绘制的 BMP 图像放大后的状态。图 9-2 为放大 4 倍后的图像，可以观察到已出现明显的毛刺。

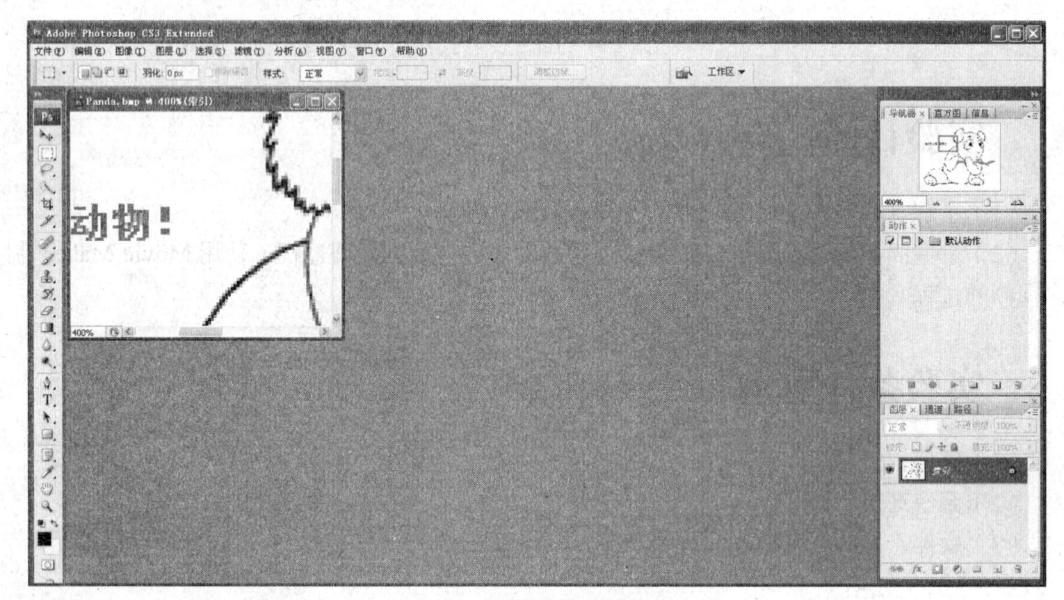

图 9-2　图像放大效果

步骤 3：选择“图像”→“旋转画布”，逆时针方向旋转画布 90° 后，效果如图 9-3 所示，然后保存为 256 色位图（*bmp）图片类型，保存文件名为“Panda-1.bmp”。

任务 2：按要求处理照片

某校职工管理系统要求职工上传照片，照片要求“文件大小：10~40K，图片大小：96 像素×128 像素，文件类型：jpg、jpeg，请按要求，对照片进行处理。

步骤 1：利用 Photoshop 打开“实验 9 素材”文件夹中的“一寸照片.JPG”文件（“文件”→“打开”）。

步骤 2：调整图片像素大小和分辨率，保证文件大小在 10~40K 范围内（“图像”→“图像大小”）。在弹出的图像大小对话框中，取消勾选“约束比例”选项，将像素大小宽度设为 96 像素，高度设为 128 像素，如图 9-4 所示。单击“确定”按钮，查看图片已经变小。

图 9-3 画布旋转

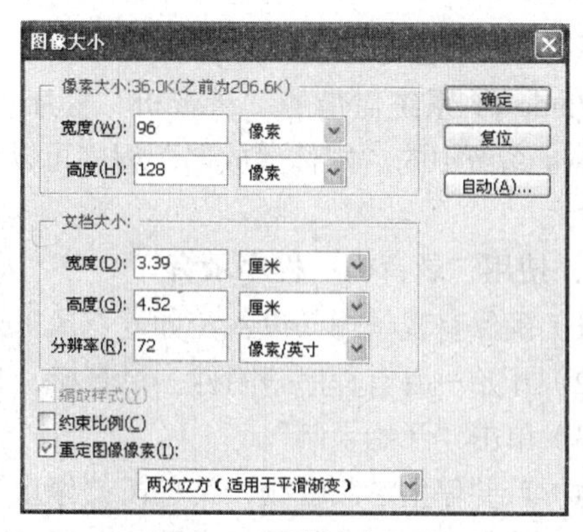

图 9-4 图像大小设置

步骤 3：将处理后的图片保存为“照片 96 乘 128.JPG”（“文件”→“存储为”）。选择存储格式为*.JPEG 格式，然后保存。处理前后效果如图 9-5 所示，上传后效果如图 9-6 所示。

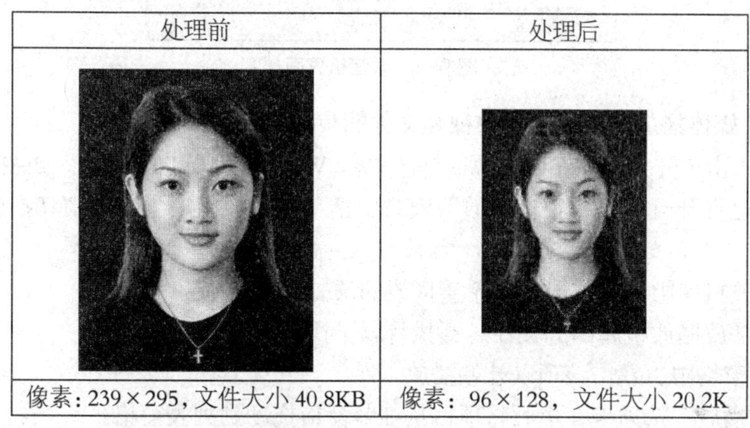

处理前	处理后
像素：239×295，文件大小 40.8KB	像素：96×128，文件大小 20.2K

图 9-5 按要求处理照片

职工号		姓名		文件大小：3~18K，图片大小：96 像素×128 像素，文件类型：jpg、jpeg
性别*	女	民族	汉族	
出生日期*		政治面貌	党员	
学院	计算机与信息学院	系（所）		
联系电话		E-mail 地址	*	
毕业院校	云南大学	毕业专业		
学历	研究生	学位	硕士	上传照片
职称	副教授	职务		清除照片

图 9-6 照片上传后显示的效果

任务 3：录音与音视频播放

Windows 系统自带的“录音机”程序可以实现录音，并把录音内容保存为音频文件。Windows 系统中的“媒体播放器”程序可以用来播放声音、动画、影片和 CD 音乐等多种媒体文件。

1．使用“录音机”程序录音

（1）确保有音频输入设备（如麦克风）连接到计算机。

（2）开始→所有程序→附件→录音机，打开“录音机”，如图 9-7 所示。

（3）单击“开始录制”。

（4）若要停止录制音频，请单击“停止录制”。

（5）单击“文件名”框，为录制的声音键入文件名“我的录音”，然后单击“保存”将录制的声音另存在 D 盘根目录下。

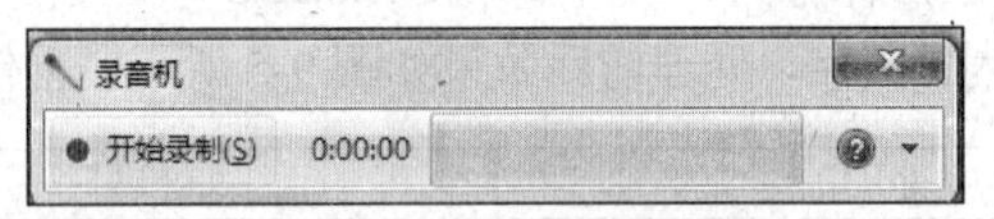

图 9-7　录音机界面

2．使用“媒体播放器”程序播放视频文件的步骤

（1）依次单击“开始”按钮、“所有程序”和 Windows Media Player。如图 9-8 所示，如果播放机当前已打开且处于“正在播放”模式，请单击播放机右上角的“切换到媒体库”按钮。

（2）在播放机库中，浏览或搜索希望播放的项。

（3）若要播放播放机库中的文件，请执行以下操作。

- 在细节窗格中，双击该项以开始播放。
- 单击“播放”选项卡，然后将项目从细节窗格拖动到列表窗格。

可将单个项目（例如：一首或多首歌曲）或项目集合（例如：一个或多个唱片集、艺术家、流派、年代或者分级）拖动到列表窗格。将项目集合拖动到列表窗格后，将开始播放列表中的第一个项目。

图 9-8　Windows Media Player 播放界面

任务 4：Movie Maker 的使用

Movie Maker 是 Windows 系统自带的视频制作工具，简单易学，使用它制作家庭电影充满乐趣，界面如图 9-9 所示。您可以在个人电脑上创建、编辑和分享自己制作的家庭电影。通过简单的拖放操作，精心地筛选画面，然后添加一些效果、音乐和旁白，家庭电影就初具规模了。之后您还可以通过 Web、电子邮件、个人电脑或 CD，甚至 DVD，与亲朋好友分享您的成果，也还可以将电影保存到录影带上，在电视中或者摄像机上播放。

图 9-9　Movie Maker 软件界面

使用 Movie Maker 制作简单的家庭影视或者为多张照片制作视频的步骤如下。

（1）导入需要编辑的视频、音频、图片素材。所有导入的素材便显示在素材预览区中。

（2）将导入收藏中的图片或视频素材依次用鼠标点中拖曳到“情节提要”的“视频”一栏里面，将音乐素材拖拽到“情节提要”的“音频/音乐”一栏里面。

（3）对每个素材进行剪辑，以修改其播放的时间长短，或者修改播放的起始和终止位置。

（4）在每两个素材中间加入一些“过渡”。

（5）保存为电影文件。方法：“文件菜单”→“保存电影文件”→“设定文件名和保存路径”→“确定”。

下面是制作过程的详细说明。本次制作选用图片素材和音乐素材，将它们编辑为一个简单的视频文件，并且在其中加入片头、片尾、视频过渡等效果。制作之后的视频文件名为“云南风景图片欣赏.wmv”。

步骤 1：导入素材。

首先准备好需要编辑的相关图片、音乐、录像视频等素材，启动 Movie Maker，将所需的素材导入到 WMM 中。在导入素材前，最好把素材分类并给予恰当的命名。

方法 1：在菜单栏操作：“文件”菜单→导入到“收藏”→找到你要导入的图片、歌曲、视频→选中“导入”。

方法 2：在工具栏中选择“任务”，在图 9-10 所示的“电影任务”里选择导入视频，或者导入图片，或者导入音频音乐。

需要注意的是，如果导入视频，会出现图 9-11 所示的对话框，将“为视频文件创建剪辑”复选框去掉，不然导入的视频就可能被切成一段段的。

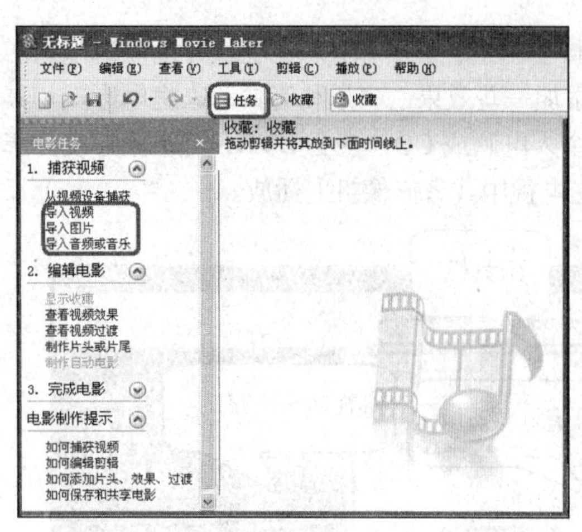

图 9-10　任务工具栏

图 9-11　导入视频对话框

本次实验需要导入图片素材和音乐素材。导入之后的素材会显示在素材预览区中，如图 9-12 所示。

步骤 2：编辑电影。

对导入的素材进行编辑。注意，所有的编辑都与时间线有关。因此需要把视频素材、图片素材、音乐素材、视频特效等都拖曳到时间线上。关键词：拖曳。

（1）拖曳音乐。先把音乐“云南民乐—大理三月好风光.mp3”拖到时间线上，放入“音频/音乐”一栏中，如图 9-13 所示。

图 9-12　导入图片素材和音乐素材

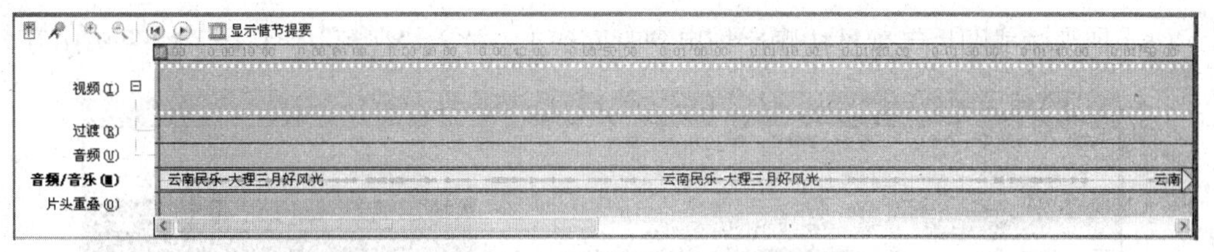

图 9-13　拖曳音乐到时间线上

（2）制作片头。视频需要有片头，用来说明视频的名字、用途等。本次实验的片头为“云南风景图片欣赏”。

（3）在“电影任务”中选择“制作片头或片尾”，如图 9-14 所示，进入后选择“电影开头添加片头”。

（4）输入片头文本这里有两个选项：“更改片头动画效果”和“更改文本字体和颜色”，可以选择自己喜欢的动画效果和字体、颜色。具体操作如图 9-15 所示，动画和字体都可以在“视频预览窗口”预览其效果。满意后，便单击“完成，为电影添加片头”，完成片头的编辑。

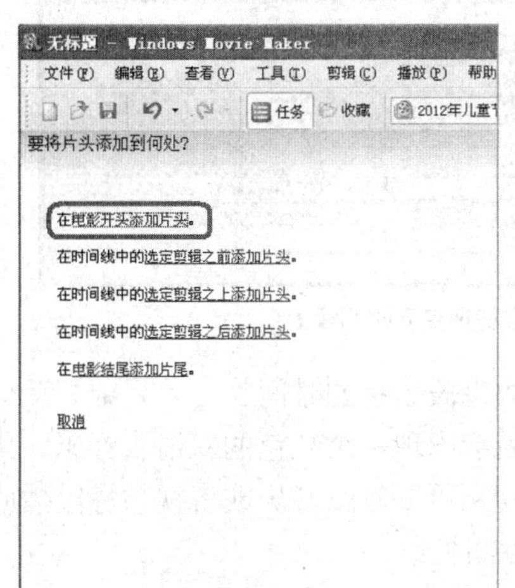

图 9-14　制作片头

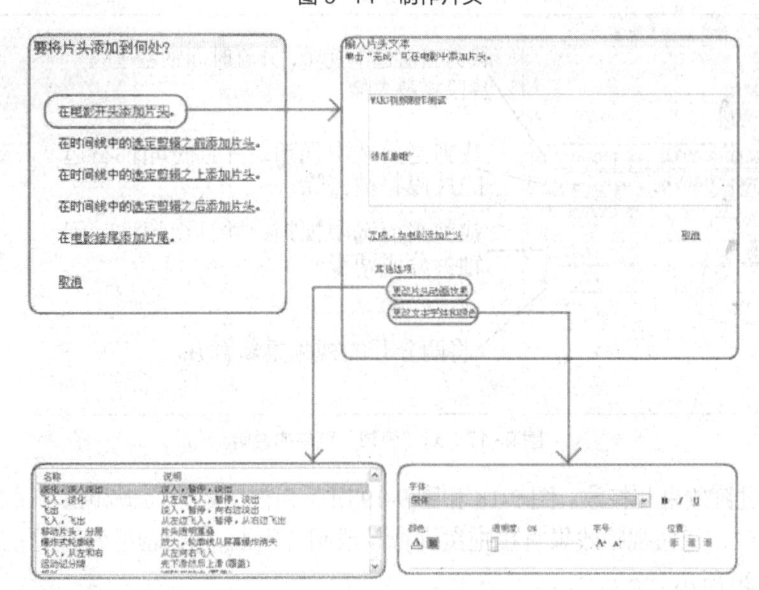

图 9-15　编辑片头的动画和字体

（5）把视频或图片等素材按顺序拖曳到时间线上，放入“视频”一栏中，如图 9-16 所示。

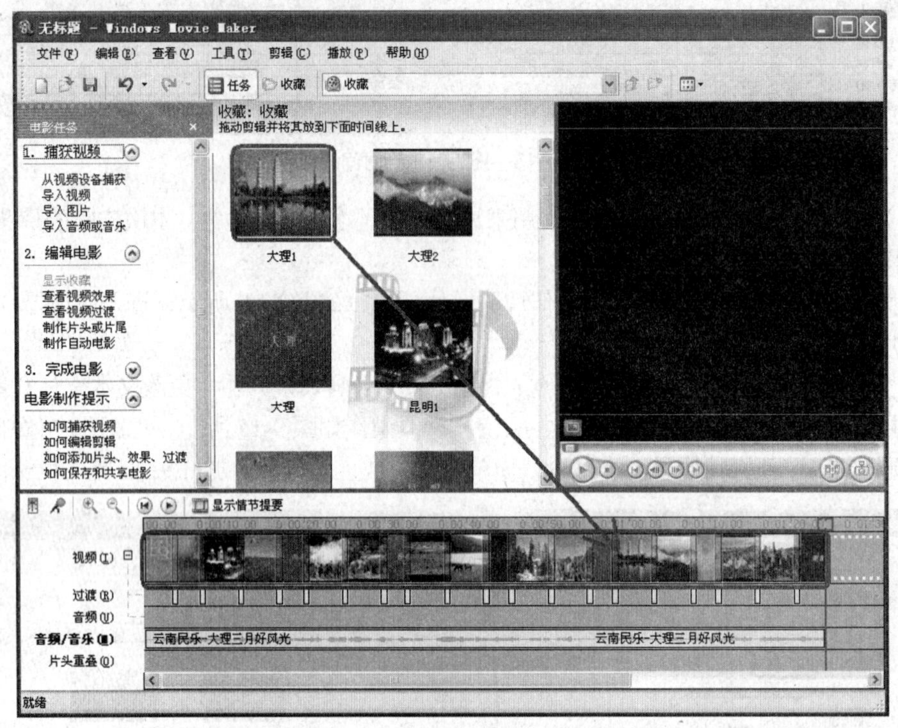

图 9-16　把本实验所需的图片素材拖曳到时间线上

（6）对素材进行剪辑。对素材进行剪辑就是修改每段素材的时间长短。只要把鼠标放到需要剪辑的素材上，注意是开始或结尾的位置上，就会出现一个红色的双箭头标志，用鼠标点住并拖动到需要剪切的位置上即可。剪辑音频、视频可以修改音乐或者视频片段播放的起始和终止时间，剪辑图片可以修改每张图片播放的时间长短。

另外，裁剪也可以使用菜单栏实现，下面是对一些重要的子菜单进行说明，如图 9-17 所示。

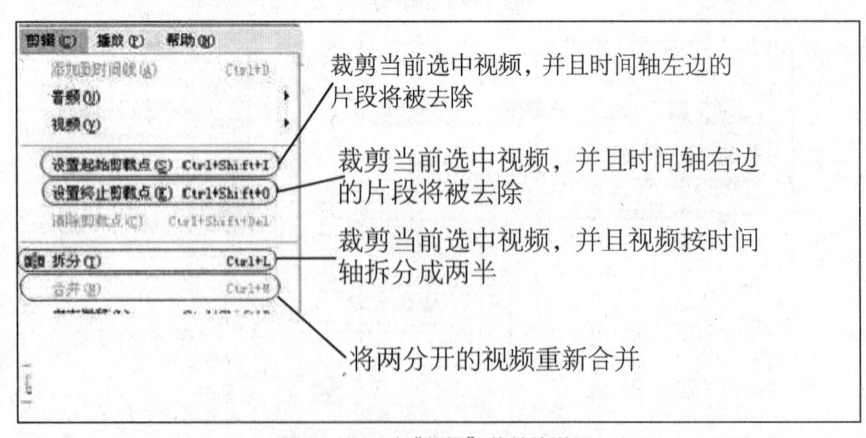

图 9-17　对“剪辑”菜单的说明

（7）添加过渡效果和特效。图 9-18 和图 9-19 所示为视频效果面板和视频过渡面板。选择自己喜欢的特效，记住视频效果直接拖曳到视频或图片上面，而视频过渡则拖曳到两个素材之间，如图 9-20 所示。

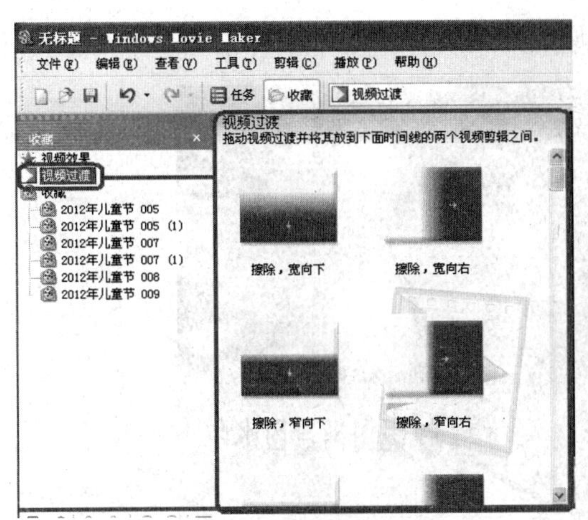

图 9-18 视频效果面板

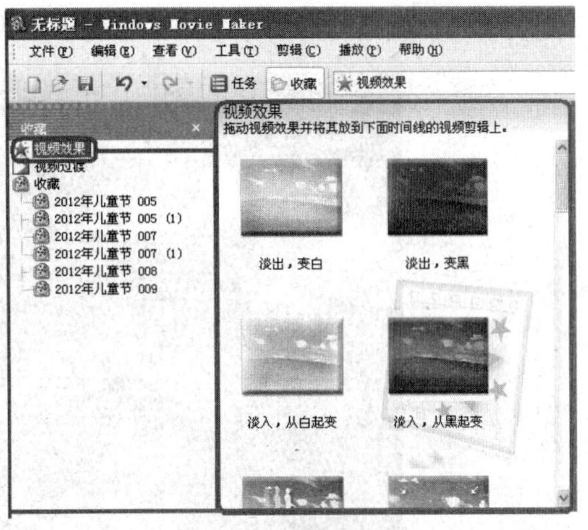

图 9-19 视频过渡面板

（8）制作片尾。经过上面几个步骤，视频制作已经接近完成了。现在让我们来添加片尾吧。片尾的制作和片头的制作一样。本次实验的片尾为“谢谢观赏”。当然，在片尾处可以写上视频制作者的名字和制作日期等信息。

步骤 3：生成导出影片。

经过上面的辛劳工作，是该导出影片的时候了。在文件菜单里选择“保存电影文件”，如图 9-21 所示，然后按照向导一步一步操作，电脑就会导出你的作品了。

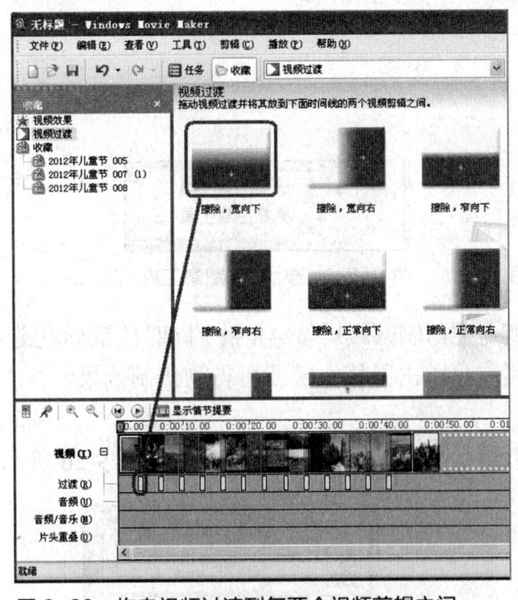

图 9-20 拖曳视频过渡到每两个视频剪辑之间

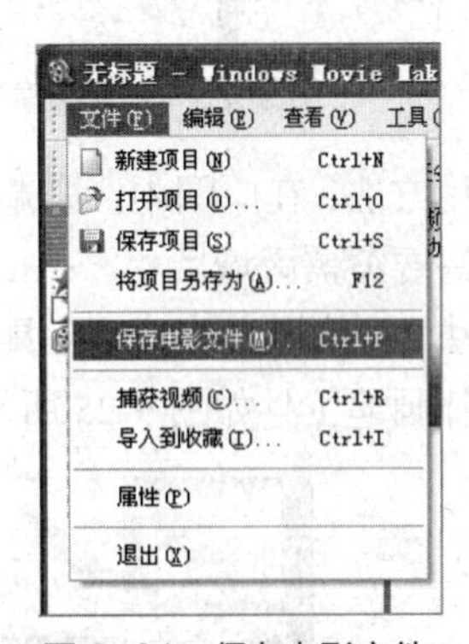

图 9-21 保存电影文件

任务 5：Photoshop 的使用

Photoshop 是 Adobe 公司旗下最为出名的图像处理软件之一，是集图像扫描、编辑修改、图像制作、广告创意、图像输入与输出于一体的图形图像处理软件，深受广大平面设计人员和电脑美术爱好者的喜爱。下面举例简要介绍 Photoshop 的几个使用小技巧。

1．去水印技术

以下介绍去图中水印的两种简单操作方法。方法一是使用仿制图章工具去除水印，方法二是使用修补画笔工具去除水印。带有水印的原图如图 9-22 所示。

图 9-22　包含水印的原图

方法 1：使用仿制图章工具去除水印。

仿制图章工具如图 9-23 所示。使用鼠标左键找到仿制图章工具，如图 9-24 所示。

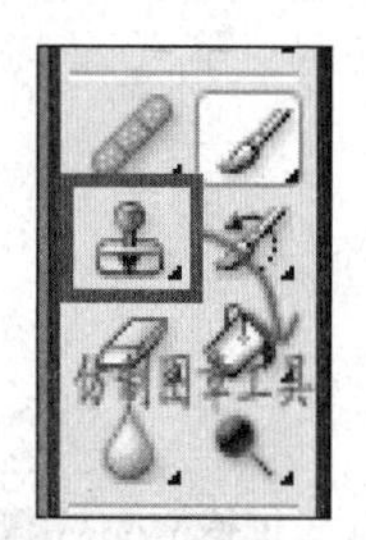

图 9-23　仿制图章工具按钮图

图 9-24　选中仿制图章工具

使用方法：在原图中，把光标移动到需要仿制区域后按 Alt 键，同时按鼠标左键并拖动光标到所需要覆盖区域后松开 Alt 键。之后直接单击鼠标左键即可得到仿制效果。

方法 2：使用修补画笔工具。

修补画笔工具如图 9-25 所示。使用鼠标左键找到修补画笔工具，如图 9-26 所示。

图 9-25　修补画笔工具按图

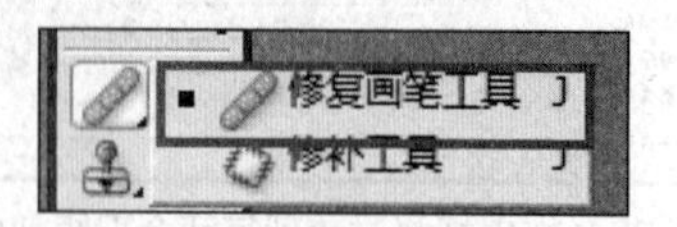

图 9-26　选中修补画笔工具

使用方法：单击图 9-26 中所示工具，找到修补画笔工具，在原图需要去除水印的区域直接用鼠标左键单击绘制即可，如图 9-27 所示。

2．水珠制作方法

下面的任务是以图 9-27 为基础，在一个叶片上制作一滴小水珠。首先要新建图层 1，如图 9-28 所示。

图 9-27　去除水印后的图片

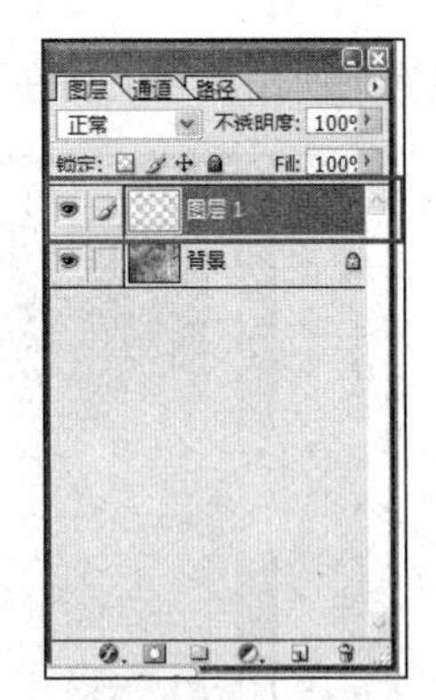

图 9-28　新建图层 1

在背景图层上绘制一圆形选区，并使用 Ctrl+C 组合键复制该选区，粘贴到图层 1 中，如图 9-29 所示。

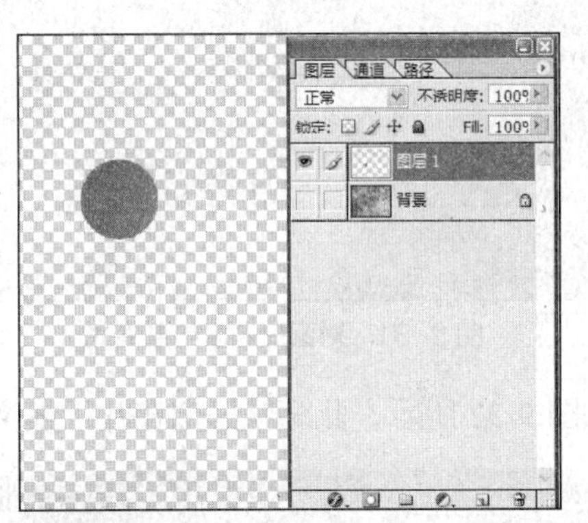

图 9-29　背景图层上绘制一圆形选区粘贴到图层 1 中

接下来双击图层 1，打开图层样式，并勾选投影、内阴影、内发光，如图 9-30 所示。

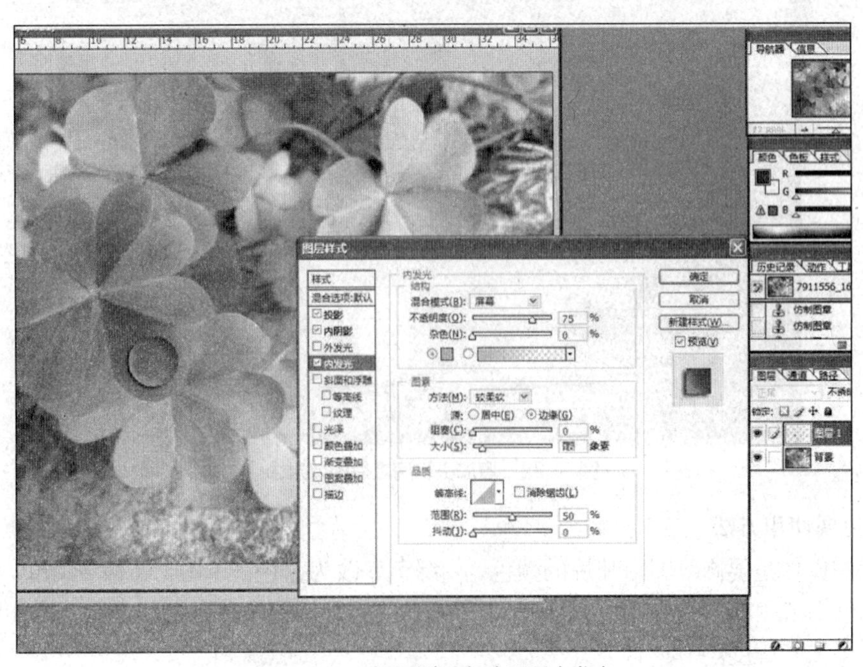

图 9-30　对圆形选区加内阴影内发光

接下来使用减淡工具在图中所示红色区域绘制出高光，如图 9-31 所示。

图 9-31　对圆形选区绘制高光

绘制高光之后的效果如图 9-32 所示，此时就好似在叶片上增加了一个小水滴。

图 9-32　增加小水滴之后的效果图

3．色调使用方法

下面的操作是要修改图中叶片的颜色，由绿色修改为蓝色。单击“图像”菜单，选中“调整”→“色相/饱和度”菜单项，如图 9-33 所示，色相是指图像色彩归属类别，饱和度是指图像表面效果浓烈程度。

图 9-33 选择色相/饱和度菜单项

在弹出的色相/饱和度对话框里设置以下参数：色相 124，饱和度 17，如图 9-34 所示，调整色相、饱和度之后的最终效果图如图 9-35 所示。

图 9-34 调整色相、饱和度参数值

图 9-35　调整叶片颜色后的效果图

五、思考题

1. 说出多媒体技术的现状与发展趋势，关注多媒体技术对人们的学习、工作、生活的影响。
2. 通过调查和案例分析，了解多媒体技术在数字化信息环境中的普遍性。

参考文献

[1] 战德臣，孙大烈，等. 大学计算机[M]. 北京：高等教育出版社，2009.
[2] 狄光智，胡坤融，张雁. 大学计算机基础[M]. 北京：科学技术出版社，2009.
[3] 吕丹桔，王冬，周开来. 大学计算机基础及应用[M]. 北京：北京邮电大学出版社，2010.
[4] 侯捷. Word 排版艺术[M]. 北京：电子工业出版社，2004.
[5] 翟铭. 排版技术[M]. 北京：印刷工业出版社，2006.
[6] 庄庆德. 科技论文撰写系列讲座（五）/图表的处理[J]. 国外电子测量技术.2008，27(6):1–3.
[7] 赵玲 黄恺昕编著.中文 PowerPoint 2003 应用实例教程[M].北京：冶金工业出版社，2006.
[8] 教育部考试中心.全国计算机等级考试二级教程/MS Office(2015 年版)[M].北京：高等教育出版社，2015.
[9] 狄光智，张雁，吕丹桔. 大学计算机基础与计算思维编[M]. 北京：人民邮电出版社，2013.
[10] 寇卫利，张晴晖. 大学计算机基础与计算思维实验指导[M]. 北京：人民邮电出版社，2013.
[11] Jorn Barger. Timeline of gnu/linux and unix. [EB/OL]. [2002–10]. http://www.robotwisdom.com/linux/timeline.html, October 2002.
[12] Randal E. Bryant and David R. O'Hallaron. Computer Systems: A Programmer's Perspective[M].Boston: Addison–Wesley Publishing Company. 2010.
[13] The Linux Foundation. Linux kernel development report 2012[EB/OL]. [2012–03] http://go.linuxfoundation.org/who- writes–linux–2012.
[14] Ragib Hasan. History of linux[EB/OL]. [2002–07] http://cs2.swfu.edu. cn/~wx672/lecture_notes/linux/linux_history/, July 2002.
[15] A. Silberschatz. Operating System Concepts, 7th Edition[M].Hoboken： John Wiley & Sons, 2005.
[16] A.S. Tanenbaum. Modern Operating Systems, 3rd Edition. GOAL Series[M].Bergen： Pearson Prentice Hall, 2008.
[17] Warren Toomey. The strange birth and long life of unix[EB/OL]. [2011–12] http://spectrum.ieee.org/computing/ software/the–strange–birth–and–long–life–of–unix/0.
[18] Wikipedia. Bill gates[EB/OL]. [2012–08]http://en.wikipedia.org/wiki/Bill_gates.
[19] Wikipedia. Bill joy[EB/OL]. [2012–08] http://en.wikipedia.org/wiki/Bill_Joy.
[20] Wikipedia. Cloud computing[EB/OL] .[2012–09] http://en.wikipedia. org/wiki/ Cloud_computing.
[21] Wikipedia. Computer memory[EB/OL] .[2012–09] http://en.wikipedia. org/wiki/ Computer_ memory.
[22] Wikipedia. Computer program[EB/OL] .[2012–09] http://en.wikipedia. org/wiki/ Computer_program.
[23] Wikipedia. Critism of microsoft windows[EB/OL] .[2012–08] http://en.wikipedia. org/wiki/Criticism_of_Microsoft_ Windows.

[24] Wikipedia. Device driver[EB/OL] .[2012–09] http://en.wikipedia.org/wiki/Device_driver.

[25] Wikipedia. Embedded system[EB/OL] .[2012–09] http://en.wikipedia. org/wiki/ Embedded_system.

[26] Wikipedia. File system[EB/OL] .[2012–09]http://en.wikipedia.org/wiki/File_system.

[27] Wikipedia. History of linux[EB/OL] http://en.wikipedia.org/wiki/History_of_linux.

[28] Wikipedia. Interrupt. [EB/OL] .[2012–09]http://en.wikipedia.org/wiki/Interrupt.

[29] Wikipedia. Mac os x[EB/OL] .[2012–08] http://en.wikipedia.org/wiki/Mac_OS_X.

[30] Wikipedia. Memory management[EB/OL] .[2012–09]http://en. wikipedia.org/wiki/ Memory_management.

[31] Wikipedia. Microsoft[EB/OL] .[2012–08] http://en.wikipedia.org/wiki/Microsoft.

[32] Wikipedia. Microsoft windows[EB/OL] .[2012–08] http://en.wikipedia. org/wiki/ Ms_ windows.

[33] Wikipedia. Operating system[EB/OL] .[2012–08] http://en.wikipedia. org/wiki/ Operating_system.

[34] Wikipedia. Time–sharing[EB/OL] .[2012–08]http://en.wikipedia.org/wiki/Time–sharing.

[35] Wikipedia. Usage share of operating systems[EB/OL] .[2012–08] http://en.wikipedia. org/wiki/Usage_share_of_ operating_systems.

[36] Wikipedia. Web operating system. [EB/OL] .[2012–09]http://en.wikipedia. org/wiki/Web_operating_system.